你敢不敢为理想决绝一点儿

侯颖◎著

中国纺织出版社有限公司

内 容 提 要

胆量是使人从优秀到卓越的最关键的因素。现代社会，没有超人的胆识，就没有超凡的成就。勇于尝试，大胆走向心中向往的那条路，这样，你就有了做成功者的机会。

这是一本写给生活中心存理想却缺乏勇气的人们的心灵激励书，它能给人力量、促人奋斗。书中告诉我们，成功需要勇气，需要胆量，需要冒险。只有为理想奋力一搏，才不会辜负生命的意义，才能成就辉煌的人生。

图书在版编目（CIP）数据

你敢不敢为理想决绝一点儿 / 侯颖著. --北京：中国纺织出版社有限公司，2019.11

ISBN 978-7-5180-6335-2

Ⅰ.①你… Ⅱ.①侯… Ⅲ.①成功心理—通俗读物 Ⅳ.①B848.4-49

中国版本图书馆CIP数据核字（2019）第126531号

责任编辑：李　杨　　特约编辑：王佳新
责任校对：江思飞　　责任印制：储志伟

中国纺织出版社有限公司出版发行
地址：北京市朝阳区百子湾东里A407号楼　邮政编码：100124
销售电话：010-67004422　传真：010-87155801
http://www.c-textilep.com
中国纺织出版社天猫旗舰店
官方微博http://weibo.com/2119887771
三河市宏盛印务有限公司印刷　各地新华书店经销
2019年11月第1版第1次印刷
开本：710×1000　1/16　印张：13
字数：128千字　定价：39.80元

前言

我们每个人的心中都心存梦想，都有自己向往的生活，然而，在追求理想的道路上，成功的只有少部分人，而大部分人却半途而废了。成功者之所以成功，原因有很多，但其中最重要的一点是他们始终坚持自己的理想，为梦想勇往直前；而半途而废者，他们在开始时也都满怀理想，但在社会上打拼几年后，越发感到衣食住行等实际需要的重要性，于是，在获得了一份稳定的收入之后，往往就会在时间的消耗下失去进取的锐气，无奈地满足眼前的一切。

然而，“混吃等死”的生活真是你想要的吗？大部分人的回答是否定的，他们也想为梦想奋斗，然而，他们也只是想想，真正实践的时候，他们就退缩了，实际上，实现梦想最重要的因素就是勇敢，如果你畏首畏尾、只是幻想而不付诸实践的话，那么，你只能在幻想的迷途中越陷越深。因为成功与胆量有着莫大的关系，有胆量的人才有资格拥有成功。那些在取得了一点成就后就安于现状、一心求稳的人，最终，他们只能陷于平庸。有胆量，敢于破釜沉舟的人，才会置之死地而后生，实现新的突破。事实上，要取得成就，有很多必要条件，其中的一条非常重要，那就是：勇气。

可能有人会产生疑问，万一失败了呢？而正是因为这样的担忧，人们在执行自己的目标与想法前，可能会产生各种顾虑，会迟疑不定，而实际上，正是因为迟疑，才会导致你的恐惧、左思右想，最终被恐惧扰乱心境而不敢执行。在任何一个领域里，不努力去行动的人，就不会获得成功。

现在的你，过着衣食无忧的生活，可能你会有个灿烂的未来，但你不能就此停滞不前，激烈的竞争要求你不断进步，而求知与不满足是进步的第一必需品。生命有限，维系成功的唯一法门在于不断努力，在新的方向不断探寻、适应以及成长，这样，你将步入新的高度。

也有一些人说，我不知道如何开始努力，不知道从何处入手，找不到方向，这就是本书编写的目的。本书就是一本让你找到方向和力量的书，它并不以空洞的激励为主，而是贴近生活，贴近心灵，帮助人们在剧烈竞争的社会中找到自己的位置、唤醒自己的梦想，相信阅读完本书，你会获得力量，会找到奋斗的方向，最终驾驭自己的人生，实现自己的人生价值！

作者

2019年6月

目录

第01章 混吃等死才是最辛苦的人生……001

我们应该听从自己内心的声音……002

只有你的内心，才能影响你的命运……003

任何成功，都始于平凡和简单……006

执着于理想，也要认清现实……007

未雨绸缪，才能迎接命运不期而至的寒冬……009

打开心中的枷锁，开创与众不同的人生……012

第02章 这世上不存在更好走的那条路……017

眼光长远，才能走得远……018

今天当好士兵，明天才有可能成为将军……019

坚持尝试，才有成功的可能……022

成功者的共同点你知道是什么吗……024

以优秀者为目标，挑战并超越他们……026

人生窘境中，唯有不断尝试才能找到出路……029

第03章　别放任自己拒绝进步和成长……033

挑战对于强者而言从来都是凤凰涅槃……034

人可以一无所有，但不能一无是处……036

你才是自己人生的救世主……039

因为年轻，你就能勇往直前……042

战胜自己的人，才是最大的强者……045

好运的人，是因为付出了很大的辛苦和努力……048

第04章　贪图简单，人生就会越变越难……051

只为成功找方法，不为失败找借口……052

未雨绸缪，才能防患于未然……053

没有付出，谈何收获……055

毫无成效地瞎忙，永远与成功绝缘……058

不对自己狠一点，你怎么成长……061

第05章　其实你比自己想象中坚强得多……063

挫折是一种对意志力的磨砺……064

没有较强的意志力，就无法获得成功……066

战胜了自己，就跨过了人生中最大的栅栏……068

熬过艰难时刻，终成大器……071

接受挑战，证明自我……073

逆境是磨难，更是成长的契机……075

第06章 在不完美的世界里活出完美的自己……081

无论何时，也别放弃自己的原则和底线……082
优化自身的最佳途径，就是抵制人性弱点……084
不断进取，才能做到更好……087
接纳自己的不完美，轻松前行……089
坚持学习，才能不断充实和更新自己的知识储备……091
生命不息，奋斗不止……093

第07章 能靠汗水解决的，就别用眼泪……097

要想成功，就要提升自己把握机会的能力……098
竭心尽力，专注于眼前事……100
战胜苦难，首先要有良好的心态……102
你应该靠自己的努力，过上想要的生活……105
只要内心决不放弃，就会屹立不倒……107

第08章 打磨自己，爱拼才会赢……111

身处逆境，更要积极向上……112
为自己树立一个行为的榜样，以此鞭策自己……113
奋斗与拼命，你终会成为人生的赢家……116

将每一件小事做好，你的努力才会得到好的结果……119
责任与借口，你如何选择……121
“我能行”是对自己的最佳肯定……125

第09章 越努力越幸运，坚持没有那么难……127

毅力和恒心，让你有始有终……128
一切的成功都是执着带来的惊喜……132
极具耐力和毅力的人，才能成就人生的辉煌……134
何不再努力一次，也许就能成功……137
将梦想坚持下去，该有多好……140
持之以恒，越接近成功就越要认真对待……143

第10章 去爱去疯去闯荡，去梦去追去无悔……145

点燃你所有的热情，就有可能彻底改变人生……146
选对天地，一展拳脚……148
打破心中的囚笼，敢为天下先……150
别让你心中的“不可能”禁锢人生……154
向梦想进发，丰富你的人生……157
树立雄心壮志，才有可能走向成功……159

第11章 掌握人生主动权，随时捕获机会……163

改变思路，主动求变……164

机会，贵在抢占先机……166

适时为他人挺身而出，做一次“英雄”……168

唤醒自己，撕掉他人给你贴的“标签”……171

创造条件，让机会主动找上你……174

成熟的第一步是主宰自己的人生……176

第12章 战胜困难，才能越挫越勇……179

不要害怕失败，勇敢尝试吧……180

成功者，从不向挫折妥协……183

学会坦然接受失败的事实并加以审视和分析……186

真正的强者，都会将困难踩在脚下……188

轻易放弃的人无法享受梦想实现时的喜悦……190

客观理智地看待人生中的坎坷与挫折……193

坚持不懈，诸多的不可能也会变成可能……195

参考文献……198

第 01 章

混吃等死才是最辛苦的人生

在我们的生活中，有这样一句流行语：“间歇性踌躇满志，持续性混吃等死。”的确，在我们的生活中，确实有不少这样的人，他们一边在懊恼自己总是虚度光阴，一边又无法把想做的事情坚持下来。懊恼之后是反思，反思之后开始下决定要如何如何改正，然后改正了一阵子接着又开始回归到以前的懒惰，再然后混吃等死了一阵子又开始懊恼，如此循环着度过一年又一年。其实，这样的人生是辛苦的，与其混吃等死，不如下决心追寻理想，为未来奋斗，唯有这样，才能实现有价值的人生。

我们应该听从自己内心的声音

叔本华说："人虽然能够做他想做的，但不能想要所想要的。"人生自然应该去做自己想做的事情，因为意志，这一切都会成为可能。许多年轻人竟然不知道自己的梦想是什么。而没有梦想的人，就没有目标，没有奋起直追的持久动力。这时你可以了解自己，倾听自己内心的声音，了解自己真正感兴趣的是什么，然后以自己的才能与爱好来作为树立梦想的参考。年轻人应对自己的特点有所了解，首先要确立目标，有的人以自己身边或媒体宣传的人作为自己的目标；一些人的梦想与兴趣、爱好、特长相关，比如喜欢唱歌的女孩希望成为歌手，喜欢跳舞的女孩希望成为舞蹈家；当然，年轻人思想不够成熟，有时候追求的梦想不稳定，今天喜欢唱歌，明天喜欢跳舞，所以我们应该学会适时听从自己内心的声音，并以强劲的意志坚持到底。

如果身边的朋友、家人建议你去银行当职员，但事实上你只是喜欢呆在蛋糕店里做糕点，那么你的选择是什么呢？曾经有人抱怨："我很想成为一名歌星，但是我父亲却希望我能成为一名医生，我该怎么办呢？"我想这句话，非常适合他：别人的期望，不能成为你被迫选择的理由。

一旦你确定了自己的内心，那就需要切断自己的后路，因为现在你只剩下自己和梦想了，已经不能回头。现在你已经无路可走，你已经站在梦想的面前，你现在需要做的就是考虑如何完成自己的梦想。

假如你还总是在猜测这是我内心的声音吗？你将永远一事无成，因为这个质疑会阻碍你去完成梦想，最后你将会因失去尝试的勇气而不愿意再跨出下一步。假如你质疑自己的梦想是否可以实现，那你将失去追求梦想所需要的动力。

只有你的内心，才能影响你的命运

很多时候，打败我们的不是别人，而是我们自己。在人生的旅程中，每个人都难免遇到困难，甚至有的时候这些困难看似不可逾越。在这种情况下，能够战胜困难并非取决于外界的天时地利人和，而是取决于我们战胜困难的意志。很多人都听说过，原本一个癌症晚期的病人已经被医生判了死刑，医生甚至不让他留在医院进行治疗，而是让他想吃就吃，想喝就喝，四处玩乐，以完成一生之中未尽的心愿。因此，癌症病人离开了医院。既然知道时日无多，连医生都放弃治疗，他也就彻底想开了。他卖掉房子，带着所有的家当开始周游世界。他什么也不想，完全忘记了自己的癌症，就这样开心地在地球上走走停停。不知不觉间，时间已经过去了一年多，这已经远远超出了医生宣判的他的死期——半年。他游山玩水之后回到了家里，去医院进行复查，他想弄明白自己为什么没有死。检查的结果让所有人都大吃一惊，他体内的癌细胞消失了。这个奇迹用医学根本无法解释，却频繁发生在癌症晚期病人的身上。生还是死，决定因素就是他们能否放下一切享受生活。有位医生曾经说，很多癌症病人都是吓死的。如果得知自己得了癌症之后就终日以泪洗面，忧思不断，那么，即使癌症原本并不严重，也会因为情绪消沉迅速恶化，最终夺去生命。

打开心门，不仅仅对于治疗癌症有奇效，对于生活中的很多事情都是效果显著。在这个世界上，每个人都追求成功，然而，他们在通往成功的路上，或者是还没出发就先放弃，或者是死在路途中。究其原因，他们在追求成功的过程中没有经受住失败的考验。对于很多人来说，失败就是心里的坎，他们没有能力承受失败。然而，有哪一个成功不是在经历很多次失败之后呢？要想成功，首先要打开心门，拥抱失败。只要我们心里抱着积极的态度面对失败，对失败不抱怨不气馁，积极地寻找经验，失败就会成为我们进步的阶梯。每个人的心里都有一扇门，只有打开这扇门，才能敞开心扉拥抱生活的喜乐悲苦。遇到生活的变故时，人们常常抱怨命运的不公平，抱怨身边的亲人朋友，实际上，你心门的钥匙掌握在你自己手里。影响你命运的不是外界的各种人和事，而是你的内心。

李阿姨59岁了，原本计划好退休之后和老伴一起环游世界，不想，老伴突发心肌梗死，离她而去了。李阿姨痛不欲生，恨不得和老伴一起去了。然而，孩子们整天整夜地守着她、开导她。李阿姨在家躺了一个月之后，勉强支撑着去上班了。这一年的时间，因为工作上还比较忙碌，虽然想起老伴还是忍不住掉泪，但还是磕磕绊绊地过去了。一年之后，李阿姨退休了。看着冷冷清清的家，她的心情糟糕到了极点。她又产生了厌世的念头。儿女们都已经长大，各自成家，有了自己的生活。虽然每到节假日他们就拖家带口地来陪伴李阿姨，然而，李阿姨还是觉得空虚寂寞，生活了无乐趣。

退休没多久，李阿姨就得了严重的抑郁症，并且有严重的自杀倾向。为了照顾妈妈，女儿辞去了好好的工作，带着孩子搬来和李阿姨一起住。看着女儿整日忙前忙后，还不得不和女婿两地分居，李阿姨心里觉得很不忍心。她劝女儿搬回家去住，否则时间久了，夫妻感情容易淡漠，女儿却说宁愿离婚，也不会扔下妈妈。李阿姨想了很久，觉得不能再拖累女儿了。因此，她和女儿商量着要报团旅游。和兄弟姐妹们商量之后，女儿给她报了一个豪华游，历时一个月，走大半个中国。从来没出过远门的李阿姨跟着旅游团出发了，在旅游团里，她认识了很多老伙伴，玩得很开心。这是一个老年团，里面有很多老人都是单身一人。他们和李阿姨相互劝慰，再加上导游的贴心陪伴，最终李阿姨想明白了：生活总要继续，不能拖累孩子。

回家之后，李阿姨一改往日的消沉，她给自己报名参加了老年大学，还报名了书法班、插花艺术班。渐渐地，她的生活再次走上轨道，每天都非常充实且有规律。看到妈妈的改变，女儿高兴极了。一个月之后，她放心地带着女儿搬回家了。

李阿姨之所以能够有如此之大的改变，就是因为她打开了自己的心门。如果不是她自己想明白了该如何生活，不管别人再怎么劝说和安慰，也是于事无补的。朋友们，在生活中，每个人都难免遇到为难的事情，这种情况下，我们一定要摆正心态，因为唯有如此，才会战胜困难，在人生的道路上继续前行。

心门的钥匙掌握在我们自己手中，所以，是否打开心门完全取决于我们自己。拥有一颗积极乐观的心，即使遇到再大的困难，也能够战胜困难，继续前行。一颗脆弱消沉的心，遇到小小的困难就会放弃，这样当然会陷入生活的低谷，甚至是无可救药。人生不可能一帆风顺，唯有积极面对，才能勇往直前。

任何成功，都始于平凡和简单

对于大多数人来说，在仰望成功的时候，一定是怀着无限的尊重。因为在普通人心里，成功是那么遥远，那么耀眼，那么求之而不得。实际上，成功真的很复杂，很伟大吗？首先说说对成功的定义吧。也许很多人都会说，成功就是有钱有势，拥有数不尽的财富，拥有至高无上的地位；或者在人类历史的长河中，留下了自己璀璨的名字和学术或者艺术上的成果；或者因为突出的品质以及在战争中卓越的表现等。总之，成功一定要是惊天地，泣鬼神的。殊不知，成功也可以很平凡。例如，一个年近八十岁的老太太，为了能够减轻家人的负担，也为了实现自己的人生价值，坚持捡破烂，在养活自己之余，还资助了很多生活贫困的大学生。再如，一个山村邮递员，数十年如一日地在崇山峻岭间为村民们送报纸，传递信息。还有，一个乡村女教师，十几年来始终坚守三尺讲台，为村子里的孩子讲授知识。这样的坚持，也是成功。由此可见，成功未必都是璀璨夺目的，成功也可能是平凡卑微的。

平凡如你我，永远不要觉得自己距离成功很远。一则成功的定义不同，二则不管什么样的成功，都有最简单的开始，最纯粹的坚持，最坚强的毅力。成功不是天上掉下来的馅饼，更不可能是一蹴而就的。要想成功，就从此刻开始，从小事开始，从不放弃开始。你，准备好迎接成功的到来了吗？

执着于理想，也要认清现实

世界上的万事万物，都随时处于千变万化之中。既然我们生存着，就必须顺应形势的变化及时变通，千万不要一条路走到黑，最终逼迫得自己无处可逃。事实上，很多人都觉得自己的生活枯燥无味，寡淡无聊，这只是因为他们缺乏改变，才导致生活永远没有新意，渐渐地也就失去了蓬勃的生机。

一朵花儿，要想绚烂地绽放，必然经过漫长的等待和长久的力量积蓄，更何况是我们要实现人生的远大理想呢？和那些生而没有理想，总是随波逐流的人相比，有理想的人无疑是幸福的，因为他们至少知道人生的方向在哪里。然而，有理想的人如果有着执念，也是痛苦的。很多人一门心思地朝着理想奔去，不管外界的环境如何改变，自己都不知道也应该顺势而为，最终使自己痛苦不堪。实际上，变通在任何时候都是需要的。学生学习的过程要不断摸索，根据自己的特长和学习情况，及时调整战略目标，找到最合适的方式；职场人士在为了伟大目标奋斗时，同样应该根据瞬息万变的形势做出改变；如果你原本准备去滑冰，但是天却下起大雨，那么你不如留在家里捧一本小说静静地读……生活无时无刻不在改变，我们也应该随时改变。

每个人的理想都极尽远大，每个人的理想都无比丰满，然而，现实并不能让我们如愿，我们总是遗憾地发现理想很丰满，现实很骨感。在苍白无力的现实面前，执着于理想反而会让我们更加无助。当生存成为一种切实的压力，不如先解决最实际也是最基本的问题，这样你才能更好地生存下来。所谓留得青山在，不怕没柴烧，说的大概就是这个道理。

人生的机遇遍布各处，我们唯有更好地抓住以各种面目出现在我们眼前的好机会，才能真正实现更好的发展。举个最简单的例子，很多医学院的学生毕业之后，以为自己注定一生都是个好医生，却有可能在机缘巧合下改行之后，成为成功的商人。还有的师范院校毕业生曾经以为自己会成为为三尺讲台奉献终生的好老师，却因为意外的改变而去到大城市，打拼出属于自己的天地，最终在销售行业崭露头角。就像马云吧，他曾经也是一名师范毕业生。正是因为勇于变通，在现实的残酷面前不断调整自己的理想，最终才能创造出属于自己的神话王国。总而言之，生活每时每刻都在改变，我们也必须随时顺势改变，这样才能跟得上时代的脚步，也才能帮助自己更合节拍地发展。

理想很丰满，现实很骨感。在充满骨感的现实之中，你是先生存再发展，还是一味地盯着空中楼阁、海市蜃楼的理想，仓皇地度过宝贵的青春时光？相信聪明的你，一定能够做出正确的选择。

未雨绸缪，才能迎接命运不期而至的寒冬

自古以来，人们似乎已经习惯了命运无常，所以古人才会说，祸兮福之所倚，福兮祸之所伏。这就是在告诉人们，福祸相依，不要因为有福就盲目乐观，也不要因为灾祸的到来而沮丧绝望。很多情况下，祸福之间是能够相互转化的，就如同塞翁失马里的塞翁，先是失去了马，后来又无缘无故地得到一匹马，眼看着儿子摔断了腿，儿子最终却因此而避免去战场上，侥幸保住了性命。从塞翁的经历中我们也不难看出，命运反复无常，谁也说不准下一刻等待自己的是好运还是厄运。在这种情

况下，如何坦然地面对生活呢？既然无法预知未来，最好的办法就是做好准备，这样才能做到兵来将挡，水来土掩，因而才不会因为突发的意外而手足无措。

生活中有很多必需品，对于这些必需品，在有能力的情况下，最好尽早置办。比如有些人在生活富足的时候无限挥霍，而等到经济拮据时，马上就会食不果腹。很多居家过日子的人都讲究家底子，家底子厚实，即使有点儿风浪，也能坦然度过。相反，如果家底子很薄，那么哪怕是小小的风浪，也会使人难以承受。其实，不但一个家庭需要厚实的底子，就算是一个人，也应该时刻做好准备，迎接厄运。更何况，生活中并非所有的厄运都是毫无征兆地到来的，很多事情原本可以预估，也因而能够未雨绸缪。在这种情况下，如果你还做不到提前谋划，那么只能说你是一只可悲的“寒号鸟”，注定要葬身命运的寒冬。

在炎热的夏季，寒号鸟每天都到湖边散步，对着湖水看着自己美丽的倒影，沾沾自喜。转眼之间，夏季过去了，秋天到来，森林里落下了厚厚的叶子。寒号鸟觉得有些冷了，看到松鼠们都开始储备过冬的粮食，它却不以为然，依然自顾自地美丽着。再后来，冬天来了。寒号鸟在凛冽的寒风中无处藏身，冻得瑟瑟发抖。它好不容易才找到一处岩峰，就藏在里面躲避寒风。

这阵寒潮过去之后，天气晴朗，阳光明媚。喜鹊早早起床，飞来飞去，衔来了很多枯枝，为自己准备过冬的巢穴。寒号鸟呢，似乎已经忘记了前几天的寒冷，白天只顾着出去玩，等到夜晚降临，就躲进岩缝里过夜。一天清晨，喜鹊劝说寒号鸟：“寒号鸟，趁着天气好，赶快筑巢吧，不然冬天肯定会被冻死的。”寒号鸟不以为然地说：“我才不呢！我要趁着天气好，好好玩玩。”很快，又一场寒潮带来了严冬。在呼啸的寒风里，喜鹊躲在温暖的巢穴中安然入睡，寒号鸟却在岩缝里冻得瑟瑟发抖。它整夜都在哀嚎：“真冷啊，真冷啊，明天就筑巢，明天就筑巢。”

次日清晨，寒风退去，阳光明媚，喜鹊再次劝说寒号鸟，让它赶紧筑巢。寒号鸟呢，晒着温暖的太阳睡到正午，下午又忙着去湖边玩耍，还是没有筑巢。直到森林被白雪覆盖，寒号鸟在哀嚎中失去了生命。

在八十年代，三姑家属于最早富起来的那拨人。三姑夫承包了很多鱼塘，不但养鱼，还养了很多海虾。在我的印象里，最盼望着三姑来我们家，因为三姑每次都会慷慨地给我一块钱。在那个冰棍一毛钱一根的年代，一块钱可是不小的财产呢！当然，逢年过节的时候，三姑甚至会给我两块或者五块钱，简直让我欣喜若狂。

有一次聊天，我听到爸爸对三姑说：“三姐，你跟三姐夫商量商量，趁着手里有钱，把房子翻建吧。你看你家是两个儿子，又在农村，房子建好了，以后孩子长大了也好娶媳妇。不然万一这些钱用光了，到时候想再翻建房子可就难了。”三姑答应得很好，说回家就和三姑夫商量。然而，过去了很长时间，三姑家里也没有翻建新房。几年之后，三姑家突然就没钱了，原来因为三姑夫赌博，把钱都输光了。就这样，三姑一家从最有钱变成了最穷，房子始终没翻建。直到儿子们都长大了要娶媳妇了，三姑夫才着急起来。这时，他和三姑都已经老了，也没有那么大的能力了，都为当初有钱时没有翻建房屋而后悔不已。

寒号鸟的故事，相信很多人在小时候就曾听说过。虽然这只是一个简单的寓言故事，但却为我们揭示了一个深刻的道理。任何时候，我们都必须要未雨绸缪，才能迎接命运不期而至的寒冬。至于第二个事例中，三姑的经历更是现实的教训。在有钱的时候，三姑和三姑夫并没有先把农村视为最重要的房子修建好，等到几年之后家道中落，再想修建好房子就很困难了。虽然我们未必也要趁着有钱就修建房子，但是道理却是相通的。不管你在哪里生活，也不管你处于社会的哪个阶层，在有能力的时候，一定要分清楚事情的主次先后，先把最重要也最急迫的事情做好，这样才能免除后顾之忧。

没有人的一生会永远一帆风顺，每个人在命运的把握中，都会遭遇命运的挫折和无情的捉弄。我们无法预知命运，那么就要把握好能够把控的一切。对于可以预知的风险，及早防范。对于无法预知的风险，就要尽量提升自己的能力，做到最好的自己。只要你做足准备，就不会在命运的寒冬到来时，成为手足无措的寒号鸟，最终冻死在瑟瑟冷风里。

打开心中的枷锁，开创与众不同的人生

记得有人说，这个世界上绝没有完全自由的人。归根结底，每个人都被各种各样的法律、道德约束着，很难恣意妄为。当然，也正是因

为有了法律的约束，有了道德的捆绑，人们才能控制心底深处自私贪婪和邪恶的本性，从而使整个社会呈现出和谐有序的状况。然而需要注意的是，除了所谓的法律道德之外，人们也并非是自由的，因为他们还受到原则、底线，以及他人的评价等诸多细节的微妙影响，根本不可能随心所欲。实际上，我们的人生的确需要约束，这样才能有序，但是，与此同时，我们的人生也需要打破那些束缚我们的枷锁，才能更加精彩出色。

现实生活中，我们根据常识生活，被常识束缚，又根据人们约定俗成的见解来禁锢自己的行为和思想，由此感到窒息。其实，人生的本质就是自己做主的旅程，因而只要我们不违背道德和法律，对于个性化的人生选择，我们完全可以尊重自己的内心，也完全可以帮助自己释放心灵。

也许有人会说，没有规矩不成方圆，正是因为有了规矩的约束，我们的社会才有秩序。这句话当然也不错，不过对于社会秩序而言，法律和道德的约束已经足够。除此之外，对于个性化的选择，我们理应尊重自己的个性，从而做出符合内心趋向的选择。尤其是在崇尚个性化发展的现代社会，已经不同于几十年前要求人才必须整齐划一。实际上，现代社会从对孩子的教育开始，就提倡要尊重孩子的个性，做到因材施教，因地制宜，如此才能给予孩子足够的空间，引导孩子们获得长足的发展。

著名的魔术大师胡丁尼之所以在魔术界声名大噪，就是因为他拥有一项特殊的技能，即能够在最短的时间内打开所有的锁，不管这把锁多么复杂多么罕见，他都从未失败过。为此，他对自己发出挑战：在60分钟内穿上特制的衣服逃脱一把锁，前提是无人观看。为了挑战胡丁尼，英国有一个小镇的居民向他发出邀请，专程请他来到小镇打开一把特制的锁。当然，居民们讨厌胡丁尼一直因为自己高超的开锁技术骄傲万分，因而他们决定给胡丁尼难堪，打消他的嚣张气焰。为此，居民们同心协力，集思广益，最终制造出了一个异常坚固的铁制囚牢，还在上面配了一把看起来很繁复精致也非常结实坚固的锁。

约定的挑战时间到了，胡丁尼如约来到小镇上，钻进居民们预先准备好的铁笼之中，由小镇居民锁上锁。在胡丁尼的要求下，在场的每个人都自觉地转身，背对铁笼，胡丁尼则开始拿出特制工具进行开锁。眼看着时间一分一秒地过去了，半个小时，一个小时，直到两个小时过去，胡丁尼一直没有像自己夸口的那样顺利打开铁笼的锁。他的额头上迈出豆大的汗珠，因为他很清楚这将会对他的声誉造成影响。最终，他决定放弃努力，因而浑身乏力地依靠在铁门上。没想到，铁门突然被他的力量打开了，原来，这个铁门根本没有上锁，他完全可以不费吹灰之力地在几秒钟的时间内推开门走出来，但是他却对那个挂在门上当样子的锁唬住了，一心一意地只想着开锁，却没有想到走出铁笼也许另有捷径。

显而易见，小镇居民成功地戏弄了胡丁尼，其实胡丁尼也并非被小镇居民的智慧戏弄，而是被自己心中的锁锁住了。一直以来，他渐渐忘记了自己的目标是走出铁笼，而不是开锁，小镇居民正是成功诱导胡丁尼被自己心中的锁锁住，因而才对这扇根本没锁的门和根本无法开锁无计可施。

人生也恰如胡丁尼开锁一样，总是面临各种各样的锁。很多时候，我们并非被客观世界的规矩限制住，而是被我们内心的规矩禁锢了。我们只有突破自己的内心，打开心中的枷锁，才能自由地按照自己的规则行走在人生路上，也从而开创属于自己的、与众不同的人生。

第 02 章

这世上不存在更好走的那条路

成功，从来都不是一件容易的事，所以不少人在追求梦想的过程中总希望能找到捷径，能让这一过程更顺利，其实，这些人最后都以失败告终。而实际上，成功就是不断奋进、克服困难的过程，只要不断地往前走，只要你专心致志，走好脚下的路，成功也许在不经意间就向你招手了。

眼光长远，才能走得远

美国著名作家唐·多曼在《事业革命》一书中说，“把眼光放长远”是踏上成功之路的一条秘诀。一个人如果想要成就大事，就必须要把他的眼光放长远，只有把整个世界都装在心中，才能看到更为广阔的天地，而不是只看到眼前的一点利益。没有远见的人是绝对不可能成大事的，甚至连小事也很难做成。因为只有把目光投向远处，才能有大志向、大决心和大行动，才不会因为一时的得失而停住奋斗的脚步。

一个人最大的成功，不在于眼下他已经取得了多少成就，而在于他此刻的行为能够为他自己日后的发展带来多大的帮助。虽然成功是一步步积累出来的，但只有每一步都能为下一步打好基础才有可能走得更远，爬得更高。

有一个成语叫“鼠目寸光”，用来形容那些只顾眼前得失而不顾长远利益的人，而那些懂得为以后考虑的人，我们则用“深谋远虑”来形容。人生就像下棋，只有把眼光放远，学会走一步看十步，才能把控全局，获得最终的胜利。

在人生的起跑线上，每个人都想全力冲刺，成为人生的赢家，但是只有把眼光放远，心中装着终点的人才能成为最后的胜利者，远见能帮助他预见一切困境，并帮助他跃过每一个沟坎，带领他走向一个又一个成就的高峰。

今天当好士兵，明天才有可能成为将军

为了激励自己，身份卑微的人们常常用“不想当将军的士兵不是好士兵”来激励自己，帮助自己畅想无限美好的未来，从而才能度过现在枯燥乏味无聊的生活。同时，这句话也告诉大家：做人一定要有雄心，唯有有雄心才能有动力，也才能打破生活的常规，努力奔跑向前。当然，做人有雄心有志向是没错的，甚至是值得赞扬的。不过需要注意的是，很多人因为做着白日梦，畅想自己有朝一日能够成为威风凛凛的将军，因而就忽视了现在的本职工作，甚至连士兵都做不好，如此一来，又怎么可能成为将军呢？

每个人的人生之中都有三天，昨天、今天和明天。然而，昨天已经过去，成为历史，不管是好是坏都无法重演。明天还未到来，也是未可知的。由此可见，人生实际上就是由无数个今天组成的。因而不管我们的昨天是遗憾还是辉煌灿烂，也不管我们的明天是阴暗还是阳光明媚，现在的我们都必须努力过好每一个今天，这样才能拥有美好的未来。从“不在其位不谋其职”的角度而言，我们尽可以畅想自己当将军的模

样，也可以把当将军确立为人生目标，但是无论如何，都不应该妨碍我们过好今天。过好当下的每一天，也扮演好自己今天的角色，当一个尽职尽责的好士兵。总而言之，即便你是一个有着远大抱负想要当上将军的好士兵，你也必须首先做好士兵的工作，这样才能距离自己的梦想更近一步。否则，假如你连士兵都当不好，又怎么可能有朝一日实现自己的梦想成为将军呢！

作为行政部的一个速记员，艾玛总是心直口快，为此也没少挨骂。这不，总经理为了与各级领导商讨是否裁员的问题，特意召开了中高层会议，专门讨论裁员问题。为了详细记述会议内容，也为了会议之后的决议有据可依，行政部在总经理的授意下，特意安排艾玛参与会议，进行现场速记。

会议刚刚开始，裁员的问题一经抛出，各级领导就全都热烈讨论，大家各抒己见，很快讨论就进入了白热化阶段。这时，眼看着主张裁员的一方占据优势，艾玛就忍不住了，停下手里的笔说："其实，咱们公司的确人员过剩了，倘若能够裁掉一些可有可无的员工，也相当于间接提高了效益，何乐而不为呢……"艾玛的话还没说完，总经理突然打断她的话，说："这个问题以后再继续讨论，接下来咱们商量下成立新部门的事情。毕竟这些员工都是公司辛辛苦苦培养出来的，理应有难同当，有福同享。假如能够成立新部门，则可以在不裁员的情况下提高效益，甚至还能扩大公司的规模，显然比裁员带来的效果更好。"看到总经理抛出了橄榄枝，原本主张裁员的领导们也马上调转话头，说："裁员的确会造成负面影响，还是总经理考虑周全……”很快，大家再次七嘴八舌地参与讨论，居然很快一致认为总经理的建议可行性很大，也非常人性化。

会议结束后，行政部主管怒气冲冲地找到艾玛，质问她：“你现在也是公司的中高层领导了吗？我为什么从来不知道此事？在任何场合，你可曾看到速记员也放下速记的笔，不知道天高地厚地参与领导的讨论？你的本质工作是什么？你知道吗？”主管的话让艾玛羞愧无比，她的脸上红一阵白一阵，根本不知道应该如何为自己辩解。她也意识到了自己的错误，因而连声向主管认错：“对不起，主管，我知道错了，保证以后绝不再犯了。”

在这个事例中，艾玛尽管心直口快，但是却忽视了公司中高层的会议并非同事们平时闲暇聊天，是可以有什么话就直截了当说出来的。每个公司的管理阶层都有着明确的界定，作为一个速记员，即便心怀远大的理想，有朝一日也想参加公司中高层的决策会议，但却不能不自量力，更不能由着自己的性子畅所欲言。

这就像是一个士兵一心一意地想要当将军，尽管他是一个有着远大抱负的士兵，但是在没有真正成为将军之前，他必须做好士兵的本职工作，才能成为一个称职的士兵，也才能在机会到来时朝着将军的位置不断努力。

人在职场，一定要找准自己的位置，摆正自己的位置，这样才能让自己说出的每句话都符合自身的身份，也才能得到领导的赏识和认可。

否则，如果心比天高，尽管一心一意想要得到提拔和晋升，却连最基础的工作都做不好，又怎么可能如愿以偿呢！

坚持尝试，才有成功的可能

每个人似乎从呱呱坠地开始，就面临着失败。婴儿还没有睁开眼睛，就开始噘着小嘴四处寻找母亲的乳头，一次又一次，毫不气馁；几个月的婴儿开始练习翻身，谁也不知道他吭吭唧唧地努力了多久，才终于翻了过来；学走路的宝宝常常摔倒，不疼，就站起来继续走，疼，就哭几声，然后站起来继续走；还没有学会走的孩子，就已经想奔跑了，不是磕到这里，就是磕到那里，还有很多孩子为了奔跑，留下了永久性的疤痕；学说话，一次次地发音，从模糊不清到渐渐清晰，期间的努力，只有宝宝知道……然而，人类探索尝试的脚步从未停止。人类的一生是不断尝试的一生，小时候用无数次尝试学会了最基本的语言和技能。长大后，为了生存，我们依然要不停地尝试。

尝试，是检测自己的最好方式。当我们犹豫不决的时候，我们要告诉自己：尝试，或许成功，或许失败；不尝试，百分之百的失败。看看那些成功的人，他们成功的历程就是尝试，尝试，再尝试。在这个世界上，一蹴而就的成功是没有的。每个人的成功，都经过最卑微的努力，才能获得最璀璨的光芒。要知道，天上从来不会无缘无故地掉馅饼。也许我们努力了很多次都没有成功，但是只要我们从失败中吸取经验和教训，把失败变成成功的阶梯，我们最终一定会成功。在人类历史上，无数的科学家为了造福于后代，坚持不懈地进行科学研究，他们是这个世界上为了成功尝试次数最多的人。尽管其中有些科学家至死也没有完成研究项目，但是他们从未放弃过努力，始终在坚持尝试。

如今，走遍中国的大中小城市，随处可见肯德基。肯德基老爷爷笑眯眯地看着我们，似乎很满意现在有这么多人爱吃他创造的美食。在肯德基家喻户晓的今天，也许有人不知道，肯德基爷爷经历了1009次失败，直到第1010次，才获得成功。他说：一次成功就够了。

肯德基爷爷很小的时候就失去了父亲，家里一贫如洗。为了维持生计，母亲外出打工，肯德基爷爷留在家里照顾小妹妹，还学会了做饭。后来，母亲改嫁，肯德基爷爷经常遭受继父的痛打。无奈之下，14岁的他开始四处流浪。自此，肯德基爷爷开始了艰难的生活。期间，他从军、当工人、卖保险，学法律，还被新婚几个月的妻子夺走了所有的财产，历经艰险。32岁那年，他又失业了，人生坠入了低谷，厄运接踵而来。直到65岁，他经营良好的餐馆又因为政府征地被拆了。肯德基爷爷又一次破产了。

66岁开始，肯德基爷爷开始推销自己的炸鸡技术，历时22年，期间即使命运再怎么坎坷，生活再怎么艰难，他都没有放弃过。直到88岁高龄，名副其实的肯德基爷爷终于成功了，现在，他的名字举世皆知。对于自己的一生，肯德基爷爷说：人们经常抱怨天气不好，其实并非天气不好。只要自己保持乐观和自信，就一直都是晴天。

时至今日，肯德基依然是备受大家欢迎的美食，肯德基爷爷笑眯眯地看着进门的客人，这是对他一生1009次尝试最伟大的回报。

肯德基爷爷的成功，我们望尘莫及。虽然我们很难获得和他一样的成功，但我们却可以借鉴他成功的经验。要知道，失败的原因多种多样，成功的道理大抵相同。那就是坚持，不放弃，即使失败1009次，也要鼓起勇气尝试第1010次。

其实，世界上有才华的人有很多，但是真正能够功成名就的人却很少。究其原因，就是因为大多数人总是犹豫不决，不敢尝试，因此错失了成功的机遇。古人说，“少壮不努力，老大图伤悲。”在人生的道路上，一旦遇到合适的契机，哪怕成功的机会很小，我们也应该投入百分之百的努力，因为只有尝试，才会给我们带来成功的可能。尝试，是成功的必经之路。除了坚持尝试，成功没有其他的捷径。

成功者的共同点你知道是什么吗

生活中，我们常常去羡慕一些运气好的人，因为他们看起来平淡无奇，却总是能够在紧要关头得到命运的青睐，或者有意外的惊喜，或者从此平步青云。为什么他们的运气总是这么好？在表示羡慕的同时，我们愤愤不平的心也在提出抗议。是啊，为什么好运从来不光顾我们呢？！细心的人会发现，大凡运气好的人都有一些共同点，他们或者待人友善，心胸开阔，与人为善，从不斤斤计较，拥有好人缘，不管走到哪里都备受欢迎。或者非常勤奋努力，从来不会虚度一分一秒的时间。总而言之，他们自己做到了极致，尽自己所能把一切都处理到最完美，因而才能在机会突然降临时牢牢地抓住，从此改变人生的命运。

归根结底，这个世界上没有什么好运会平白无故地突然降临，而只是因为有些人做好了万全的准备，不管是面对惊喜还是惊吓，都能坦然相对，淡定处理。也因此，我们会发现想要得到好运气并不像我们想象中的那么难，从某种意义上说，这比中彩票容易多了。因为中彩票纯粹是随机的概率性事件，而争取得到好运则很大程度上取决于我们自身的努力程度。如果你从不吝啬付出，如果你从不珍惜力气，那么你会发现好运常伴你的身边。

其实，很多时候人们做出的看似漫不经心的举动，在他人眼里却是最好的品质证明。越是微不足道的细节，越是证明其真实性，从而更能代表人们的本心。很多人之所以与好运失之交臂，恰恰是因为他们精于算计，总是计较的太多，付出的太少，而且每时每刻都害怕自己吃亏上当。古人云，吃亏是福，这句话之所以流传了一千多年，恰恰是因为它是真理。每天付出多一点，看似简单，但是坚持下来就会创造巨大的奇迹。把简单的事情做到极致，你也就能够成为众人眼中的传奇。坚持做，好运一定会常伴你的身边。

以优秀者为目标，挑战并超越他们

人生中需要长期目标的指引，保证大方向的正确和不失偏颇。但是过于长期的目标无疑会使人们感到疲劳，毕竟长期目标并非一朝一夕间就能实现的，就像漫长的旅途容易使人感到劳累一样，过久的拼搏奋斗却没有激励，同样会让人感到疲惫不堪。为此，很多人都会把长期目标进行分解，使其成为若干个短期目标。当这些短期目标达到之后，人们就会感受到成功的喜悦，也会因此变得更加自信。

其实，除了分解目标之外，还可以采取为自己树立榜样的方式激励自己。尤其是当选择身边熟悉的朋友或者同事，甚至是兄弟姐妹为榜样时，我们因为总是能够看到对方，切身感受到对方的成功，因而也就更容易受到鞭策和激励。而且，因为榜样是有血有肉的鲜活的生命，所以榜样不但可以激励我们努力进取，寻求超越，也可以成为我们学习的对象。所谓青出于蓝而胜于蓝，当我们真正做到这一点，一定会获得巨大的成功，感受到喜悦。毋庸置疑，超越成功者，我们就一定能够获得更大的成功。换言之，我们也只有获得比榜样更大的成功，才有可能超越作为榜样的成功者。

现实生活中，有很多人都做着白日梦，幻想着自己有一天一定能够变得非常伟大。实际上，一味地做白日梦并不能帮助我们实现理想，真正切实有效的方法是从熟悉的人中找一个人作为自己的目标，等到超越他之后，再重新确立一个更优秀的人作为自己的目标。如此一个一个优秀者挑战下来，你会发现自己就像登台阶一样，已经不知不觉进步了很多，人生也就发生了翻天覆地的变化。

刚刚升入初三的羽凡突然感受到巨大的压力。原来，一直以来羽凡都很贪玩，但是初三的压力却使他清楚地意识到自己不能继续玩下去了，只有考上重点高中，才有可能进入名牌大学，由此进入人生的大舞台。羽凡可不想因为这一两年的玩耍导致一辈子都受到压制，他想为自己增加一双翅膀，从此展翅翱翔。

如何才能迅速取得进步呢？成绩在班级里处于中下水平的羽凡有些摸不着头脑，也貌似找不准方向。思来想去，他决定就从同桌下手。原来，每次考试，同桌的排名都比羽凡靠前五六名的样子。羽凡认为自己尽管求胜心切，但是心急吃不了热豆腐，也不能急于求成。就这样，尽管羽凡的目标是成为班级的尖子生，但是他却先把同桌看成了榜样和对手。经过一个月的刻苦努力之后，在月考中，羽凡的名次果然超过了同桌，甚至还比同桌靠前一名呢！这个小小的成功让羽凡非常高兴，也因而对自己更有信心了。接下来，他把坐在前排的琳娜定为目标。琳娜的成绩在班级的六十个人中，排名三十左右。如此一来，羽凡相当于在下一次考试中还要提高五名。

确定目标之后，羽凡继续努力，也因为提高五名并不需要过多的分数，所以他心理上相对也比较轻松。为了尽快提高分数，他先从弱项英语下手，每天早晨都早起背诵英语单词，朗读英语课文，果不其然，英语的上升空间很大，羽凡的总分居然上升了八个名词。接下来的时间里，他把目标定位在班级排名二十的小风。只需要再进步两个名次，羽凡的目标是精益求精，也许只要少因为粗心错一题，目标就能实现。期终考试时，羽凡非常认真细心，居然戒掉了粗心的毛病，如愿以偿地把名次提高了两名。如此循环往复，在中考时，羽凡顺利考进班级前五名，进入了梦寐以求的重点高中，也让所有老师同学以及父母刮目相看。

毋庸置疑，假如羽凡在班级排名四十左右的情况下，想要一步登天地考入前五名，这几乎是不可能实现的，反而还会因此给予羽凡巨大的压力，最终导致事与愿违。如此循序渐进，把身边比自己更优秀的同学作为目标去实现，去超越，效果自然事半功倍。此外，羽凡还能从一次次的暂时成功中获得信心，从而使自己的提升计划进入良性循环，这也给予了他更大的力量。

其实，这种超越成功者的方向不仅仅适用于学习，也适用于人生中的方方面面。诸如在职场上，我们不可能从一个普通职员一跃成为高层管理者，所谓饭要一口一口地吃，路要一步一步地走。当你处于公司基层时，千万不要这山望着那山高，更不要眼高手低。唯有脚踏实地地勤奋工作，让自己一个台阶一个台阶地往上攀登，才能最终实现人生目标，完成自己的梦想。

现代职场竞争异常激烈，每个人都要靠自己的实力才能得到长足的发展。假如我们一味地沉浸在对美好未来的幻想中，甚至把目标定得过高且不切实际，我们的自信心就会备受打击，导致事与愿违。那些成功人士都有自身的独特之处，我们可以学习他们的成功经验，却不能盲目照搬他们的成功模式，东施效颦只能贻笑大方，如果走错了人生道路，一定会追悔莫及。所以，我们最需要做的就是向成功者学习，也为自己的人生提供无限的可能性。

人生窘境中，唯有不断尝试才能找到出路

每个人，在不同的人生阶段，都会有不同的人生境遇。随着时间的流逝，我们遇到的人和经历的事情，都会发生改变，在这种情况下，我们曾经设想好的一切，也会随之发生改变。因此，我们必须顺应形势，才能与时俱进，也才能及时调整自己的思路和态度，从而为自己找到最佳出路。

读过名人传记的朋友们会发现，很多人之所以能够获得成功，并非因为他们得到了命运的眷顾，而是因为他们在人生之中不断尝试，因而最终找到了最佳出路。尤其是那些在某个独特领域做出特殊贡献，创造伟大成就的人，他们更是在尝试了很多次之后，才找到了人生的方向和出路。因此对于那些抱怨生不逢时、时运不济的朋友，我们必须问问他们：面对人生的窘境，你们是否从未放弃，不断尝试呢？

很多时候，人是习惯于墨守成规的。尤其是当一切已经习惯成自然，我们更是会被固有的思维禁锢住，不知道如何才能打开自己的思路，让自己的人生豁然开朗。实际上，很多时候禁锢和限制我们的并非

是客观世界，而是我们的内心。我们无法挣脱内心的囚牢，就会彻底被人生禁锢住，再也无法展翅翱翔。因而朋友们，最重要的是要打破心底的桎梏，这样我们才能海阔凭鱼跃，天高任鸟飞。

很久以前，有个女孩高考失利，因此高中毕业后只能待在家里。后来，妈妈四处托人找关系，把她安排在村小里当代课老师。然而，当老师也并不容易，她走上岗位不到一个星期，就因为连最简单的数学题都无法讲清楚，最终被学生们赶下了讲台。她沮丧地回到家里，见到妈妈，不由得委屈得直掉眼泪。妈妈什么都没有说，只是告诉她："有人能把肚子里的东西倒出来，有人哪怕有一肚子的东西也倒不出来。所以，你不要伤心，你一定能够找到适合你的工作。"

在家里休息几天之后，她就和村里的小姐妹一起去了南方的服装厂打工。然而，她才干了不到一个月，就被老板辞退了。原来，那些女孩全都技术熟练，但是她却根本不会裁剪衣服，而且在流水线上也总是跟不上进度。看着失望而归的她，妈妈又说："没关系，那些女孩几年前就去服装厂打工了，她们自然轻车熟路。这么多年来，你一直在学校里读书，当然无法像她们那样信手拈来。"就这样，她接二连三地又换了很多份工作，她不但当过会计，干过市场管理员，甚至还去当了纺织女工。遗憾的是，她始终没有找到适合自己的工作，因而不管干什么都半途而废。

眼看着到了而立之年，她去了聋哑学校当老师。看着那些残障的孩子们，她心中的爱如同泉水般涌了出来。很快，她就成立了属于自己的残障学校，而且还在全国范围内开了很多专门经营残疾人用品的连锁店。如今，她俨然事业有成，身价不菲。有一天，她突然问年迈的妈妈："妈妈，我这么多年，干什么都不行，您为何总是相信我呢？"妈妈笑着说："一块地，如果不适合种麦子，那么可以尝试着种豆子；如果种豆子收成也不好，那么就可以试着种蔬菜。假如种蔬菜也不合适，那么不如种瓜果。当然，最不济的情况下，还可以种荞麦。荞麦生命力顽强，总能够开花结果。总而言之，对于任何一块地来说，都有一粒种子适合它，它也必然有所收获。"她感动得热泪盈眶，原来这么多年来，母亲绵延不绝的爱浇灌了她这粒种子，使她最终生根发芽，开花结果，硕果累累。这就是爱的奇迹。

这不仅是爱的奇迹，也是尝试的结果。在三十岁之前，女孩一直在尝试各行各业，却始终没有找到最适合自己的工作。直到三十岁，机缘巧合，也或者说是冥冥中有一种力量，把她带到聋哑人的学校，使她突然找到了最适合自己这片土地的种子。这样一来，她才能够发挥自身的潜力，最大限度地成就自己。

现代社会发展非常迅速，任何人要想在人生中有所收获，成就自己，就必须珍惜每次接触新事物的机会，从而不断提升和完善自我。当然，我们都不是神枪手，无法在第一时间就找到适合自己的工作，那也没关系，所谓年轻就是资本，趁着年轻，我们还有时间去不断尝试。只要我们拥有足够的耐心，只要我们坚持不放弃，我们最终一定能够找到生命力旺盛的种子，在我们的土地上生根发芽，从而最终成就我们辉煌的人生。

第03章

别放任自己拒绝进步和成长

现在的你是否感觉已经小有成就，是否生活安逸？如果你有这样的思想，那么，你就已经开始拒绝进步和成长了。要知道，现在的成就只能代表过去，不代表未来。现代社会，无论是知识还是技能，无不在随时更新，竞争之激烈我们早已心知肚明，所以，一定要尽快调动起自己的奋斗之心，为未来和梦想拼搏，绝不可放任自身。

挑战对于强者而言从来都是凤凰涅槃

尽管我们常说人生只有坦然迎接挑战，才能不断蜕变和塑造自己，但是当真正面对挑战时，却依然有很多人感到畏缩和怯懦。他们甚至因为害怕挑战，导致对人生失去希望，也导致自身胆怯软弱，从而故步自封，止步不前。生活中，我们总是羡慕那些成功者，他们似乎拥有超人的力量，因为在面对任何艰难坎坷时都能做到坚定不移、勇往直前。殊不知，人并非生来就是强者，而是在不断地挫折和磨砺中，才渐渐让自己变得强大，成为真正的强者。一旦成为强者之后，我们的内心也会变得越来越坚强。举个简单的例子来说，很多人都曾有过长跑的经历，会发现在行进到一定路程时，觉得简直难以继续坚持下去了。而在这种时刻放弃只会导致彻底的失败，倘若我们能够继续咬牙坚持下去，就能成功的突破自身的极限，从而使得接下来的行程变得轻松，这也就是强者越遭受挫折和磨难，越具有强大信心、勇气和力量的原因，挑战对于强者而言从来都是凤凰涅槃，不会使他们彻底沉沦绝望。

作为普通人，我们常常低估自身的力量，因而限制了自身的发展。在这种情况下，我们只有充分估量自己，也充分挖掘自身的潜能，才能让自己更加勇敢坚强，也才能鼓足力量迎接挑战的到来。中秋时节，很多人都喜欢吃膏腴肥美的大闸蟹，殊不知大闸蟹虽然味道鲜美，但是其成长的过程也是历经艰辛的。从幼小的蟹苗，到发育成膏腴肥美的大闸蟹，需要蜕皮十八次。不得不说，每一次蜕皮对于螃蟹而言都是生死攸关的时刻，但是为了成长，它们必须勇敢面对，也必须迎难而上。人生也是如此，没有任何成功的人是能够不经受挑战和挫折磨难，就轻而易举获得成功的，这一点毋庸置疑。既然如此，就让我们把挑战当成是成功的前奏，让我们竭尽全力奏响前奏，迎接成功的到来吧！

即便是已经获得成功的人生，不会因为一次的成功而一帆风顺，可能在成功到来之后，使我们的人生面临更多的挑战。因为成功从来不是一记重拳出击，而是能够负重前行，永远扛着肩膀上那份沉甸甸的责任，让人生之花绚烂开放在泥泞之中，让人生之树傲然挺立，迎风冒雨也依然郁郁葱葱，枝繁叶茂。

每个人的心底里都隐藏着巨大的能量，不要以为自己是不能经风历雨的温室花朵，其实能量像野草一样野火烧不尽，春风吹又生。任何情况下，只要我们坚持不懈，就一定能够战胜困难，超越挑战，让自己的人生力量加倍增强，也帮助自己创造与众不同的生命绚烂之花。

很多朋友都曾有过在上坡路上骑自行车的经历，几乎每次前进都是咬牙坚持。然而，一旦放弃，我们必然再次回到坡地，只有坚持不懈，才能最终抵达顶点，享受高处一览无遗的快意。而且，倘若我们在努力的过程中松懈下来，再想继续努力就会变得很困难。正如古人所说，一鼓作气，再而衰，三而竭，我们必须让信念坚定，才能在紧要关头把握自己的命运。很多人都曾看过海明威的《老人与海》，在出海的过程中，老人独自降服大马林鱼，而又与鲨鱼群进行殊死搏斗，虽然他最终只把光溜溜的大马林鱼的骨架带回港口，但是他坚定不移的信念却从未动摇过。只要精神永存，相信老人永远都是海上的霸主，都是打不倒的强者。朋友们，我们必须突破自我，才能勇创辉煌，而突破自我就要迎接挑战，超越困境，你做好准备了吗？赶快行动起来吧！

人可以一无所有，但不能一无是处

每个生命在呱呱坠地的时刻，都像是一张白纸一样，上面既没有任何痕迹，也没有任何记忆。然而等到漫长的生命历程过去，有的人依然像是一张不小心遗落的白纸，有的人却拥有了一张五颜六色、绚烂无比的人生图画，还有的人呢，白纸已经被画得乱七八糟，特别凌乱，根本不堪入目。毫无疑问，第一种人生是虚度了，第三种人生则是混乱的，唯有第二种人生，才能给人赏心悦目之感，这一切都归结于他们对自己的人生进行了认真的勾勒，也对其进行了细致入微的着色，所以才能看起来那么绚烂，也使人的心变得沉甸甸的。

也许有很多普通而又平凡的生命会觉得失落，毕竟和那些出身好的人相比，我们的起点就低了很多。然而，这并没有大碍，因为生命最终的归途取决于我们在一生之中的努力，而并非完全取决于父母或者是命运对我们的馈赠。生命中真正的强者可以接受自己的一无所有，但是从不会自暴自弃，因为他们知道，只要心中怀有希望，只要目标坚定勇往直前，就一定能够战胜命运的薄待，让自己拥有厚重充实的人生。

从某种意义上来说，一无所有也是一种生命的馈赠。相比起那些拥有很多的人，正因为一无所有，我们才能杜绝一切奢望，坚定不移地相信只有依靠自己，才能彻底改变命运。也正因为一无所有，让我们在奋力拼搏的时候更加决绝勇敢，从来不会害怕失去，也因为破釜沉舟的心态才导致命运出现转机。就像项羽在巨鹿之战中破釜沉舟一样，他正是因为让全体将士都相信自己再也没有退路，所以才能在九次激战之后打败秦军，这样的一无所有就变成了义无反顾的勇气，也变成了只能胜不能败的决心。

从这个意义上来说，人可以一无所有，但不能一无是处。一个一无是处的人总是看不到自身的优点，不要扬长避短、应取长补短。一无是处的人一味地把希望寄托在他人身上，从而导致自己颓废沮丧，甚至失去了奋斗的信心和勇气，连尝试也变得遥不可及。对于这样处于停滞状态的人生，一无是处是罪魁祸首。其实对于任何人而言，只要心中有动力，人生就像拥有了永动机，始终马力十足。

在山上的一座寺庙里，生活着一个老和尚和他的三个小徒弟。随着渐渐老去，老和尚自觉时日无多，因而想从三个小徒弟之中挑选出一个佼佼者，继承他的衣钵，也负责处理寺庙里的日常事务。为此，有一天，老和尚拿出三把斧头给三个徒弟，让他们上山砍柴。除此之外，老和尚还给了大徒弟一根拐杖，给了二徒弟一把伞，唯独没给小徒弟任何东西。

中午时分，原本风和日丽的天气突变，下起了大雨，为此三个徒弟直到傍晚时分才回到了寺庙里。他们分别背回了两大捆柴火，但是有拐杖的大徒弟摔得鼻青脸肿，有伞的二徒弟浑身湿透，反而是什么都没有的小徒弟既没有摔倒，也没有遭到雨淋。他们看着彼此，都有些不知所以，这时，老和尚让他们都说说各自的感受。

大徒弟说："我有拐杖，所以走路的时候就底气十足，哪怕是泥泞的地方也大胆地朝前走。因而，我不小心摔倒了好几次。但是因为没有伞，下雨的时候我躲进山洞避雨了。"二徒弟说："因为有伞，我根本不怕下雨，因而下雨了也继续赶路，不想半路上雨越下越大，但是我一时之间又找不到避雨的地方，也因为有风导致无法撑伞，所以才会淋得浑身湿透。不过，我知道没有拐杖容易摔倒，所以走路时小心翼翼，从未摔倒。"小徒弟说："我既没有拐杖也没有雨伞，因而下雨的时候我就避雨，遇到艰难的路就绕道而行。"话说到此，三个徒弟恍然大悟。老和尚这才说："有的时候，一无所有反而是一种财富，它可以让我们更加用心地对待一切，也更努力地奋斗和拼搏。"

人生之中，有很多人之所以出现失误，就是因为他们拥有得太多，因而毫不在乎。相反，对于一无所有的人而言，因为没有什么可以仰仗，所以他们更加全力以赴地付出，也更加努力地拼搏。最终，他们反而能够后来居上。这其中的道理和龟兔赛跑也有些相似，兔子正因为觉得自己跑得快，哪怕睡一觉也能遥遥领先，所以才轻视了慢吞吞的乌龟。殊不知乌龟很有自知之明，知道自己跑不快，因而始终不遗余力地往前爬，最终反而转败为胜，让结局出人预料。所谓笨鸟先飞，也正是这个道理。

朋友们，一无所有并不可怕，可怕的是一无是处。让我们调整心态，把一无所有变成优势吧。只要能做到这一点，你一定能够无所顾忌地勇往直前，从而给人生开拓更宽广的天地，也给人生带来更多的改变和飞越。

你才是自己人生的救世主

人生难得一帆风顺，大多数人都要面临命运的坎坷和挫折。每当遭遇困境时，常常有朋友会把希望寄托在他人身上，希望他人能够拯救自己。甚至他们自身根本不会想办法解决难题，而是一味地寻求帮助。常言道，自助者，天助之。这句话告诉我们，一个人在遭遇困境时必须首先要自救，才能得到命运的垂怜，使悲惨的命运得到转机。与此恰恰相反，假如一个人在遭遇困境时总是一味地求助于他人，自己丝毫没有试图努力改变命运，最终一定难以摆脱厄运，甚至导致命运陷入更深的泥泞之中，使自己无法自拔。

归根结底，每个人的救世主就是自己。假如依赖成为习惯，人们在遇到任何问题时都第一时间想到别人的援助，那么最终只会丧失斗志，也不再有独立自主的精神。要知道，别人的慷慨帮助也许能够帮助我们暂时摆脱困境，但是要想拥有坚强独立的人生，我们只能帮助自己找到正确的活法，那就是一切靠自己。人必须为自己找到活路，否则一味地依靠他人的帮助，最终只会让自己一事无成，也不能承担生活中任何的压力。面对那些成功的人，我们应该扪心自问：我们并不比他们差，为何就不能凭借自身的努力获得成功呢？很多时候，那些成功人士经历坎坷，人生也并不如我们平顺，但是他们却能成功逆袭，最终获得成功的人生，就是因为他们找到了自己的活路，也能够拯救自己于命运的深渊。

在美国，亨利香肠得到了很多人的认可和喜爱，它的发明者亨利也因此名满天下。其实，亨利发明这种香肠并非出乎自然，而是在生命的逆境中才实现的。

年轻体壮的亨利曾经在农场工作，尽管当时他的生活很贫困，但是因为他对待工作勤勉认真，也得到了老板的认可和赏识，所以生活还算幸福。然而，一次意外事故使活蹦乱跳的亨利突然之间瘫痪了，从此之后他只能坐在床上，什么事情也做不了。面对如此沉重的打击，亨利一时之间根本无法接受，每天除了痛哭流涕，就是抱怨连天，所有的亲戚朋友都以为他的人生彻底毁了。一个偶然的机会，妈妈鼓励亨利：“亲爱的，我不想让你在对命运的抱怨中度过下半生。你要知道，你的厄运无法改变，然而即便如此，你也依然能够操控自己的命运。只要你愿意，你完全就可以改变现状。”妈妈的话让亨利陷入了沉思，的确，他还这么年轻，难道要就此沉沦下去吗？思来想去，亨利决定改变：“虽然我不能走路了，但是我还能思考，双手也灵活自如。”想到这里，亨利不再怨声载道，而是满怀希望地面对每一个崭新的今天。他的积极乐观，也让家人对他再次充满信心。经过数十天的深入思考，亨利终于想出了一个好办法：“我们何不成立一家香肠加工厂呢！我们可以用自己种植的玉米喂猪，提升猪肉的品质，然后再趁着猪肉鲜美时将其加工成香肠，还可以生产玉米味道的香肠，也许能够打开销路呢！”果不其然，亨利香肠问世之后得到了大家的一致喜爱，很多人甚至慕名而来购买香肠。从此之后，亨利的命运也彻底改变了，他成为了成功的创业者，不但改变了自身的命运，也扭转了家庭贫困的局面。

正如一位名人所说，假如命运为你关闭了一扇门，它一定会为你打开一扇窗。面对残酷的命运，亨利原本心如死灰，也不知道人生的方向在哪里。幸好妈妈的话鼓励了他，让他再次对生活燃起希望。即便命运最终没有给予我们最好的安排，我们依靠自身的努力也能够最大限度地提升自己，如此一来，我们不再是只能接受命运摆弄的棋子，而变成了会飞的棋子，可以自己决定命运。

常言道，天无绝人之路，很多情况下生活看似逼迫我们进入绝境，实际上只要我们心怀希望，始终不放弃努力，就一定能够翻越人生的火焰山，让自己的命运发生大逆转。冬天已经来了，春天还会远吗？人生不可能永远都是坦途，更不会永远都是逆境，只要我们坚持不懈，不放弃努力，就一定能够扼住命运的咽喉，成为命运的主宰。

因为年轻，你就能勇往直前

古人云，少壮不努力，老大徒伤悲。这句话的意思是劝说人们抓住年轻的时光，奋力拼搏，这样就不会因为老无所成，突然伤悲。的确，人的生命是非常短暂的，长不过百年。在光阴里，没有人能够求得长生不老。既然生命总是这样悄然流逝，一去不返，我们就要抓住有限的生命，做更有意义的事情。当生活不如意的时候，切勿喋喋不休地埋怨。与其埋怨，浪费时间，不如从跌倒的地方爬起来，继续一路向前。在人生之中，决定我们能够走多远的不是我们的双脚，而是我们的远大志向；决定我们能否攀登上人生高峰的不是我们的双手，而是我们的坚强意志。唯有具有远大的志向，而且在实现理想的过程中不因为苦难和挫折退缩，人生才能一往无前。

现代社会，生存的压力非常大。很多年轻人没有任何资本，因而常常觉得自卑。殊不知，年轻人即使没有钱没有经验，也有最大的资本——年轻。因为年轻，我们不怕跌倒。跌倒了，还可以再爬起来，努力前行；因为年轻，我们不担心失败，失败就是积累经验和教训的过程，是帮助我们成长的阶梯；因为年轻，我们不畏惧未来，即使未来是未知的，我们也依然可以勇往直前。年轻，就是最大的资本。试想，那些成功人士，哪个不是从年轻时的跌跌撞撞一路走来的？平步青云只是一种美好的理想，成功必须脚踏实地，一步一个脚印。

鲁迅先生说，这个世界上本没有路，走的人多了，也便成了路。对于年轻人来说，未必要踩着前人的脚步前进，也可以凭借自己独到犀利的眼光开辟自己的人生之路。即使走了冤枉路，或者走了错路，我们也会因此而看到与众不同的风景。最重要的是，走错了也没关系，还有时间矫正或者重头来过。年轻的心就应该轻狂张扬，肆意放飞自我。对于年轻人来说，当务之急不是不犯错误，而是丰富自己的经验和阅历，为未来的扬帆起航做足准备。

作为全球最大的草根创业者的平台创始人，阿里巴巴的马云现在无疑成了网络销售的风云人物。然而，在富不过马云的时代，也没有几个人年轻时曾比马云更惨过。刚刚毕业的时候，马云求职总是被拒绝，其中有两次都是因为外貌被拒绝的。对于这个长相像外星人的马云，即使是酒店服务员的工作，也将他拒之门外。最终，马云不得不骑着三轮车送货。马云刚开始创业的时候，和朋友合办了一家翻译社。然而，开张第一个月就生意冷清，入不敷出。为了支撑下去，马云不得不开启兼职模式，当起了批发零杂百货的小贩子。后来，马云还上门推销过，经常吃到“闭门羹”。幸好，马云有强大的内心，从未被这一切摧毁。也幸好，马云还年轻，完全有机会重新开始。

在做“中国黄页”的时候，是马云最为艰难的时候。那个时候，国内还没有互联网，大家对马云说的内容完全陌生。要为凭着三寸不烂之舌说出来的东西付钱，没有老板愿意干。马云的团队不但要证明企业的资料确实已经传到网络上，为世界所熟知，还得先证明世界上有种东西叫作互联网。为此，对技术一窍不通的马云只能一遍又一遍地说，逢人就说。直到1995年上海开通互联网，马云终于松了口气，最起码可以让企业客户看到网上的资料和照片了。当时，很多人都因为不了解互联网，说马云是“骗子”。可想而知，马云承受了多么大的压力，创业的路上又有多少阻力。

在决定回到杭州再次创业之前，阿里巴巴团队曾在北京为政府项目工作了一年多。眼看着就要离开北京，马云带着团队一起去了长城。晚上聚餐，整个团队的人都大吃大喝，不停地唱歌。他们，都不想面对别离。那天晚上，《真心英雄》是他们的主题曲。当时，30岁的马云第四次创业失败。

即便如此，马云依然创办了阿里巴巴。虽然外人熟知的是阿里巴巴创造的诸多奇迹，却不知道马云在最艰难的时候，公司的账上只有二百块钱。就这样，马云走到了今天。今天的阿里巴巴当然不可与当年同日而语，今天的马云也已不再年轻。然而，马云的青春时代过得轰轰烈烈，无怨无悔。

每个人，都应该有一个值得自己想念和致敬的青春。虽然我们不是马云，但是每个人都有自己的梦想，每个人都应该无怨无悔地为梦想燃烧青春。年轻的人们，即使你们身无分文，即使你们无立足之地，也不要气馁。因为，你们还年轻。年轻，意味着无限的可能性。年轻，意味着即使犯错也有机会重头开始。

年轻人，让我们扬起青春的风帆，远航吧！

战胜自己的人，才是最大的强者

在张艺谋执导的《红高粱》中，巩俐一举成名，从此成为国际巨星。与此同时，主题曲也在一夜之间红遍祖国大地。面对日本侵略者，面对即将失去的生命，只有战胜内心的恐惧，才能做出英雄的壮举。“妹妹你大胆地往前走，往前走，莫回呀头；通天的大路，九千九百，九千九百九呀……”人性有很多弱点，在面临危险和恐惧时会不由自主地产生退缩的心理。这是天生的本性——怯懦在作怪。其实，人要是想进步，最需要突破的就是人性的局限。人类之所以成为地球的主宰，成为万物的灵长，就是因为人很聪明，知道要进步，要变得强大，就必须战胜本性。

从某种意义上来说，安全感是我们给自己画就的牢笼。就像孙悟空在外出寻找食物的时候，会给唐僧画一个圈一样，我们也给自己画地为牢，给自己设定了安全的范围。我们总是在自己画的圈里面活动，以此保障自身安全。不到万不得已，我们不会走出这个圈。实际上呢？我们就是井底之蛙，只能看到圈内的小小天地。因为处于圈内，我们根本不知道外面的世界有多么精彩，也不知道其实天大地大到处都是家。直到有一天，那些渴望成功的人勇敢地打破牢笼，张开翅膀，在广阔的天地里自由翱翔。有些人，一辈子都只能在这个圈里看着外面的天，止步不前。

从内部来说，我们需要战胜自己，才能有所成长和进步。很多人喜欢和别人比较，实际上这是完全没有意义的。如果他人非常成功，你只能仰望，却触不可及，那么你将其设为自己进步的目标显然不现实。反之，如果被你设定为奋斗目标的人原本就水平很低，甚至不如你，那么你很快就会沾沾自喜，裹足不前。最合理的比较，是与昨天的自己比较。没有人能够一蹴而就获得成功，你也不例外。所以，你应该脚踏实地，每天都踏踏实实地活着。你只要比昨天的自己有所进步就好，这就说明你没有原地踏步，更没有退步。如此一来，日久天长，你就会在成功的道路上越走越远，距离成功也会越来越近。

有个叫夏洛尔的美国推销员，不但身材矮小，而且非常胆怯。很多人都说他根本不适合从事推销员的工作，因为他毫无特色，站在人群中一点儿都不起眼，根本无法让顾客注意到他。为此，他非常自卑，总觉得自己能够养活自己，就已经非常了不起了。因为这种想法在作怪，他在工作的时候始终不能全力以赴，业绩一直不好。其实，他每天早晨出门去公司的时候，妈妈都会叮嘱他："夏洛尔，你一定要不遗余力地去工作。否则，你还不如待在家里呢！"即便如此，夏洛尔依然对工作提不起兴致，因为他认定不管自己怎么努力，都无法改变现状。在心底里，他只求上司不要把他开除就好。

没过多久，夏洛尔担心的事情终于发生了。上司找他谈话，对他在工作上的表现非常不满，还给他下了最后通牒："夏洛尔，我觉得你之所以工作上表现平平，就是因为你对待工作漫不经心，而且你也没有真正了解销售是一份怎样的工作。如果你想继续留在公司，你必须参加培训，系统地了解销售，并且真正爱上销售。"夏洛尔非常沮丧，他如果不参加培训，就会失去工作。找来找去，他参加了由一个销售大师主办的培训班。当为期一个月的培训班结束之后，这位培训大师找到夏洛尔，郑重其事地说："你太浪费自己的才能了！"夏洛尔不知所以，问："老师，您为什么这么说呢？"培训大师说："你知道吗？你是我见过的最适合做销售的人才之一。但是，你却对自己定位太低。假如你能全心全意地投入销售工作，在不久的将来，你必定能够获得成功，做出伟大的事业。"

听了老师的话，夏洛尔受宠若惊。在此之前，只有妈妈给他鼓励，如今，这位赫赫有名的培训大师却给他如此之高的评价。这几句话的评价给夏洛尔带来的震撼远远超过了妈妈这么多年来对他的鼓励。后来，他坚定不移地相信自己一定能够成功，果不其然，没过几年，他就以优异的销售业绩创造了公司的销售神话，他也理所当然地晋升为公司的销售总监。

在这个事例中，夏洛尔之所以一直默默无闻，在工作上表现平平，就是因为他给自己画地为牢。心的高度，决定了人生的高度。如果一个人觉得自己不管再怎么努力，也不会有更出色的表现，那么他就会放弃自己，不再努力。与此相反，假如一个人在内心深处坚信自己一定能够成功，即使最终达不到自己理想的高度，也一定能够不断突破自己，不断进步，不断成长与成熟。

年轻人，你们要想像夏洛尔一样突破自己，战胜自己，就一定要有坚定的信念。也许现在的你们也和曾经的夏洛尔一样不相信自己，把自己定位太低。那么，此时此刻，就赶快思考自己的人生，重新给自己定位吧。人们常说，心有多大，舞台就有多大。这句话非常有道理。很多时候，我们想考一百分，结果考了九十九。相反，假如我们只想勉强考及格，那么我们的成绩也许只有三五十分，甚至更低。目标的实现需要顽强的毅力，坚持不懈的付出，也需要极大的雄心。趁着年轻，赶快扬起人生的风帆吧！

好运的人，是因为付出了很大的辛苦和努力

生活中，我们常常羡慕他人得到好运气，因为他们总是轻而易举就能满足自己的愿望，实现自己的梦想。然而我们没有留意到的是，他们虽然现在得到了好运气，但是在此之前，他们却付出了很大的辛苦和努力，最终才能彻底改变命运，把握人生未来。

在这个世界上，没有一蹴而就的成功，更没有绝不坎坷的人生。

每个人在漫长的人生路上，都会遭遇很多困境，甚至陷入绝境。每当这时，我们就要牢记海明威笔下桑迪亚哥老人的那句话，“一个人并不是生来就要被打败的，你尽可以把他消灭掉，可就是打不败他”。的确，我们不管活得多么艰难，都不能轻易放弃，因为我们的放弃才意味着真正的失败。反之，假如我们在人生过程中始终心怀希望，坚韧不拔，那么我们就能够度过艰难坎坷的时刻，走到人生的坦途之上。古人云，天道酬勤，意思就是告诉我们，命运会眷顾那些加倍努力的人。也有人说，机会总是给有准备的人准备的，这句话也有着相似的提醒作用，意在告诉我们，一个人只有真正摆正自己的位置，时刻努力，准备着抓住转瞬即逝的机会，才能得到好运。既然如此，我们还有什么理由不努力，不奋斗呢？

生活中，我们常常听到他人抱怨自己命运不济，时运不佳，殊不知，命运并非是天注定的，更大程度上命运掌握在我们自己手中。我们唯有坚持不懈地努力，不管什么时候都满怀希望和勇气，才能最大限度地把握命运，从而为自己的人生争取到更多的机会。

曾经，有人看到寺庙里的大师每天都要敲打木鱼，不由得疑惑地问：“大师，您在念佛的时候，为何总是敲打木鱼呢？”

大师反问：“我虽然在敲打木鱼，实际上每一声都敲在人的心里。”

“即便这样，也可以敲鸡呀，牛啊之类的牲畜，为何偏偏要敲打鱼呢？”那个人还是不解。

大师笑着说：“在人世间，鱼是最勤快的，它甚至不睡觉，终日瞪大眼睛游来游去。这么勤快的鱼儿，尚且需要敲打，更何况是惰性十足的人呢！”

当然，这只是一个寓言故事，但是却为我们揭示了深刻的道理。人的本性之中就饱含“懒惰”，很少有人能够抵抗得了懒惰的诱惑。举例而言，人很容易就被懒惰降服，诸如早晨赖在温暖的被窝里不愿意起来，起床之后又把该干的事情不断推迟和拖延。再如，对于人生的很多计划都无限延迟，导致人生计划最终落空，人生也毫无成就。不得不说，整个人类都面临“懒惰”的难题。假如我们能够战胜懒惰，那么我们的人生必然更加高效。

为了克服我们自身懒惰的毛病，我们就要像大师敲打木鱼一样，不停地敲打和鞭策自己。所谓天才，实际上就是勤奋的产物。正如有位名人所说的，这个世界上哪里有天才，我只是把别人喝咖啡的时间用来工作而已。人不是神，人无法随心所欲地做成所有事情。因而要想取得进步，我们就必须笨鸟先飞。尤其是在自觉自己不如他人聪慧的情况下，我们更要坚持不懈地付出，才能最终用自己的辛勤汗水换来丰厚的回报。记得曾经有位哲学家说过，在这个世界上，只有蜗牛和雄鹰能够登顶金字塔尖。雄鹰能够登顶金字塔尖，这一点人们都很信服，但是蜗牛如何能够爬到金字塔尖呢！这使人很费解。但是只要认真思考和分析，我们不难发现，蜗牛之所以能登顶就是因为勤奋。一个人的成功固然离不开自身的学识修养以及外部的各种有利条件，但是更重要的是勤奋。如果缺乏勤奋，再聪明的人也无法获得人生的成就。

第 04 章

贪图简单，人生就会越变越难

生活中的任何一个人，从进入社会的那一刻起，就要学会如何做人、做事，凡事都要多思考，因为没有一件事能轻轻松松做成，事实上，要想成功，就不能贪图简单，而是要运用思维的力量，找到方法，懂得顺势而为，只有这样，你才能避免走很多弯路，这样，在追求成功的道路上，你才能走得一帆风顺。

只为成功找方法，不为失败找借口

在生活和工作中，很多人一旦有小小的挫折和失败，马上就会寻找各种原因，为自己的失败找到合理的借口。哪怕只是走路摔倒了，也要找到到底是哪块石子绊倒了自己，从而愤愤不平地将其扔得远远的，似乎这样就为自己报了仇、泄了愤，心理上也觉得平衡了许多。为什么我们总要推卸责任呢，难道走路摔倒了不是因为自己不够专心地看路吗？倘若我们终有一天改变了心态，不再时刻想着撇清自己，而是认真自我反省，提升和完善自己，那么我们就能够找到迅速进步的方法。

人们常说条条大路通罗马，其实一味地为失败找借口并不能使我们进步，反而因为对于自身的疏忽和懈怠，我们会更加在麻木中退步。从本质上来说，每次遭遇失败都找借口为自己开脱，实质上是一种自我麻痹。相反，只有努力反省自身，我们才能得到进步，也才能找到获得成功的方法，实现自己的心愿。不为失败找借口，只为成功找方法，这才是成功之道。

人们常说，授人以鱼不如授人以渔，意思就是说与其给他人鱼吃，不如教会他人捕鱼的方法，这样才能一劳永逸，让他人永远有鱼吃。因而，自古以来成功的人都很注重对方法的研究，也能够找到恰到好处的方法让自己获得成功。由此一来，他们的人生进入良性循环之中，才变得更加顺遂如愿。由此可见，好的方法对于成功起到至关重要的作用，它可以对每个人的人生都起到积极的促进作用。

人生就像是一场没有归途的旅程，当我们回顾此前的经历时，必然既有成功的甘甜，也有失败的苦涩。很多人喜欢说尽人力听天命，实际上我们唯有调整心态，积极地面对失败，把失败转化为成功的阶梯，才能找到成功的好办法，给自己的成功加速。

未雨绸缪，才能防患于未然

举世闻名的剧作家莎士比亚一生创作了无数经典巨作，给世界文学史留下了宝贵的财富。对于人生，莎士比亚有自己的独特见解。他说，人生和变换莫测的天气一样，随时会有不期而至的雷电风雨。人生就像在海洋中行舟，要想在充满危机的海洋中破浪前行，到达美好的彼岸，就必须未雨绸缪，防患于未然。只有这样，在意外情况突如其来时，我们才不会手足无措。正因为对人生有如此深刻的了解和感悟，莎士比亚才能创作出那些与命运抗争的巨作。关于未雨绸缪的人生，中国自古以来也有很多类似的谏言。例如，一年之计在于春，一日之计在于晨。尤其是当人生充满不确定性时，我们更应该提前谋划。

举个最简单的例子来说，如果屋顶漏雨了，你是趁着天晴修补好，还是等到瓢泼大雨的时候才想起来去修补呢？这个问题，大多数人都能给出正确的答案。但是，在人生的路上，很多危机表现得没有那么明显，也不曾那么急迫。所以，很多人就开始麻痹大意，忘记了应该未雨绸缪。不管是在生活中，还是在工作上，真正成功的人，除了智慧之外，谋划也是非常重要的。否则，成功的人如何能够一步一步地抢占先机，从容应对生活的突发状况呢？

在曾经的亚洲金融风暴中，日本、韩国等邻近国家全都遭殃，我国领导人深谋远虑，提前储备了大量的外汇，这样才在金融危机中减少了损失。金融危机发生后，国家领导人马上采取积极有效的错失，最终使中国在金融危机中发展得始终很平稳。其实，不管是治理自己的人生，还是规划家庭，甚至是管理国家，都需要防患于未然。这样不仅能够有效躲避灾难，还能最大限度地降低损失。

很多人都知道亡羊补牢的故事。这个故事告诉我们，在意识到损失已经发生的时候，应该及时补救。现实生活中，我们未必有那么多羊去损失，所以防患于未然就显得尤其重要。与其等到危机发生之后再去弥补，不如在危机发生之前就避免。只有这样，你才能保护自己的羊群，让小羊儿一只都不少。古人很早就提出居安思危的理念，因为这是比亡羊补牢更明智的选择。

每个人都想让自己的人生走向成功，过上幸福的生活。那么，我们就要未雨绸缪，在危机到来之前，做好准备，这样才能更加充分地发挥自身的优势，让一切都有一个更好的结果。

没有付出，谈何收获

付出未必有收获，人们已经意识到了这个残酷的事实。然而，我们能够因此就不再付出吗？答案当然是否定的。付出未必有收获，如果你不再付出，那么你一定毫无所获。任何时候，天上都不会掉馅饼，你即使交了好运，也不可能不劳而获。如此一番辩证分析之后，我们不难得出一个结论：付出与收获未必每次都能立竿见影地成正比，但是在综合多次情况之后，付出与收获终究还是正比的关系。

在浩瀚的宇宙中，在神奇的自然里，人的力量是非常渺小的，甚至微乎其微。那么，仅凭一个人的力量去应付生活中所有的困难，显然是很不切实际的行为。大凡聪明人，从来不会自以为是，而是能够客观公正地评价自己，也能够恰到好处地掂量自己的分量。所谓救人者自救，这虽然是一句饱含禅意的话，但是用在生活中却很合适。既然我们的力量是有限的，而且我们也不是全能的，能够面面俱到地满足自己的一切需要，那么我们为什么不发挥自己的所长去帮助他人呢？相信在你乐于助人的时候，也会有很多热心人，全都不遗余力地帮助你吧。从这个意义上来说，我们付出得越多，得到的也就越多。

如今，保险已经走入千家万户，为越来越多的人所接受。其实，保险的理念就是汇集每个人的点滴力量，帮助那些真正遇到困难需要帮助的人们。这样，对我们自身而言也是一种极大的保障。对于身边的人，不管他们是与我们熟悉还是陌生，整个人类其实都是一个大家庭。我们不但要爱自己的亲人、朋友、爱人，也要拥有一颗博爱之心，爱身边的每一个人，爱熟悉或者陌生的每一个人。爱，是力量的传递，当人人都参与到爱之中，点点滴滴的爱就会汇聚成汪洋大海，让整个世界都因此而变得更加美好。

在大雪纷飞的冬日，一个衣衫褴褛的小男孩儿在风雪中艰难地前行。为了在开学之前攒够学费，他几乎一天都没有休息，始终在走街串巷地推销商品。然而，眼看着半天的时间已经过去了，他连一件商品也没有推销出去。他又累又饿，饥寒交迫，恨不得马上就躺在一个温暖的地方永远地睡去。他感到自己的脚已经渐渐冻僵了，因而步伐开始踉跄起来。他艰难地顶着风走着，渐渐地来到了镇外。远远地，他看到一户人家的红色屋顶，因而赶紧走过去。到了紧闭的门口，他又迟疑了。想了一会儿之后，他才开始敲门。没过多久，门被打开了。一个面色友善的女孩站在他的面前，脸上挂着微笑。男孩嗫嚅着说："我可以要一杯热水吗？"女孩点点头，走开了。过了一会儿，女孩端着一大杯散发着香气的热牛奶回来了。男孩接过牛奶，用双手紧紧地捧着杯子，感受着温暖。他一小口一小口地喝完了一大杯牛奶，满脸通红地问："请问，我应该付你多少钱？"女孩笑着摇摇头，说："不要钱。很小的时候，爷爷奶奶就告诉我，赠人玫瑰，手有余香。这是爱的传递，不需要任何回报。"男孩不停地感谢女孩，还给女孩深深地鞠了一躬，就转身离开了。

此时此刻，男孩和一刻钟之前的状态截然不同了。在此之前，他感到沮丧绝望，恨不得离开这个世界。现在，他觉得浑身都暖和极了，充满了力量。他暗暗告诉自己：我一定要努力坚持下去，我一定能够获得成功。赠人玫瑰的女孩没有想到的是，在遇到她的前一刻，男孩甚至已经决定放弃学业了。如今，他却再次鼓起勇气，继续拼尽全力，朝着未来，朝着成功，努力奔跑。

多年以后，男孩儿已经成为一名成功的医生，医术高超，救人无数。然而，当年的女孩身患怪病，在当地看了很多医生都无计可施。因此，她不得不变卖家产，来到遥远的大城市治疗。当看到会诊单上的病人籍贯时，霍华德医生心中一震。不知为何，他突然就想起了当年的那杯牛奶，想起了曾经热心帮助他的女孩。他放下会诊的病历，狂奔到病房。果然，床上躺着的正是当年的恩人。他随后详细了解了女孩的病，并且与多名专家详细研究制定了万无一失的治疗方案。为了帮助女孩恢复求生的意志，他还想尽办法减轻她的痛苦，一有闲暇就去病床旁陪伴她。果然，在经过彻底地手术治疗后，女孩的病痊愈了。出院之前，护士给女孩送来医药费结算通知单。当看到那个天文数字时，女孩几乎虚脱，她知道自己根本无力支付如此昂贵的治疗费用。然而，当他看到通知单最后一行时，眼眶湿润了。原来，在缴费人的签字那一栏，赫然写着："寒冬里的一杯热牛奶。"

在这个事例中，女孩热心的帮助让心灰意冷的男孩儿再次鼓起了生的勇气，再次决定永不放弃，永不认输。正是这股精神的支撑，使得男孩熬过了最艰难的岁月，最终成为了大名鼎鼎的霍华德医生。而此时，患病的女孩正在霍华德医生工作的医院里求诊，在得知恩人身患怪病之后，霍华德不遗余力地投入救治。人生就是这样充满巧合，女孩儿万万不曾想到，当年的一杯热牛奶如今会救了她的命。虽然女孩儿当时的付出不求回报，但是她却真真切切地得到了丰厚的回报。

当然，生活中我们的付出，我们传递的爱心，最终未必会回到我们的手心里。但是，这份爱不管传递到何方，都为这个世界带来了温暖和光明。因而，让我们和女孩儿一样，赠人玫瑰，手有余香吧！只有我们心怀大爱，这个世界才会充满爱！

毫无成效地瞎忙，永远与成功绝缘

现代社会正处于飞速发展的时代，几乎每个年轻人作为社会的一员，都发自内心地渴望成功，渴望拥有辉煌的人生。然而，命运总是捉弄人，很多人即便付出了努力，也依然与成功绝缘。为此他们开始抱怨命运，抱怨人生的不公平，也抱怨自己的运气不够好。殊不知，成功并非完全取决于天时地利人和，更多的时候，如果我们的努力自欺欺人，就会导致事倍功半，甚至还会事与愿违。如此一来，我们自然会与成功渐行渐远，甚至彻底与成功绝缘。

一个人只有真正认识自己，客观评价和分析自己的能力，才能认清楚人生的方向，也才能找到人生的目标所在。所以，当你总是与成功失之交臂，千万不要抱怨成功从不青睐你，只有反思自身，更加卓有成效地付出，我们的努力才能起到事半功倍的效果。

作为一名兼职的编辑，娜娜的主要工作就是与文字打交道。当然，随着时间的流逝，她的文笔越来越老练，也因此有了稳定合作的图书出版公司。有段时间，娜娜在朋友的介绍下认识了一家图书出版公司的总编。在与总编第一次合作时，娜娜主要负责为总编深度整合与改写关于丘吉尔的文稿。对于这份工作，娜娜颇有些小聪明，在给总编样稿的时候，她特意没有用出十分的力气，而只用了五六分的力气。原来，娜娜认为：倘若我一开始时就主动按照高标准严要求完成稿件，那么也许总编会更加得寸进尺，因为他总要提出一些意见的。相反，假如我只花费五六分力气就完成样稿，万一侥幸通过，接下来只需要按照样稿水平即可完工，还能省点儿力气呢！

正是出于这样的想法，娜娜对于样稿并没有像平日里工作那样百分之百的投入，其实她也很奇怪，因为她对待工作一向严肃认真，一丝不苟，不知道这次怎么就萌生了偷懒的想法！果然，她交上去的样稿通过了总编的审核，在接下来的工作中，她始终付出五六分的力气。然而，等到真正通稿完成之后，总编看完稿件却说完全不合格，都要重新来过。娜娜简直觉得世界末日，这可是几十万字的稿件啊，如果重头来过，那可比一开始就花费十分力气做好要付出更大的成本。为此，她非常犹豫纠结，最终却因为事情已经成为无法改变的事实，不得不硬着头皮花费了一个多月的时间，重新梳理稿件，加工完善。最终，娜娜花费在这个稿件上的时间远远超出了其他稿件的两倍之多，她懊悔不已，发誓以后再也不自欺欺人了。

在这个事例中，作为资深编辑，娜娜完全知道稿件需要加工到怎样的程度，也很清楚如果稿件质量不过关的后果，但是她却不知道头脑里的哪根筋搭错了，非要以身试法，最终得不偿失。对于这样的结果，她只能哑巴吃黄连，有苦说不出，因为她所有的努力都是自欺欺人，都是毫无用处的功夫，这也就注定了她只能付出更多，而且还会因此给主编留下不好的印象。

生活中，职场上，我们总是看到很多人都行色匆匆，似乎自己就是全世界唯一日理万机的大忙人，甚至废寝忘食，食不知味。然而最终他们并没有取得多么伟大的成就，甚至连人生中最基本的工作都做不好，这到底是为什么呢？究其原因，很多人的忙碌实际上都是瞎忙，努力也是毫无成效、事倍功半的，因而尽管看起来一刻也不得闲，但是效果着实不好。

其实，与其自欺欺人、忙忙碌碌地度过一生，不如调整自己的心态，厘清思路，哪怕只做一件事情，也要把这件事情做到极致，才能最大限度地发挥我们自身的能力，也才能不遗余力地创造辉煌的人生。曾经有人这样评价那些看似忙碌实则瞎忙的人，说他们是因为无能，所以必须依靠不停地忙碌来证实自身的存在感和价值感，从而逃避自己的无能。不得不说，这样的总结真的非常犀利，但是也一语道破天机，使人们在疼痛中醒悟，也从顿悟中反省人生。

真正努力的人也许看起来并不是那么忙碌，他们该忙的时候忙，该闲的时候闲，根本不会为了工作放弃生活，也不会因为生活中琐碎的事情占用完自己所有的时间，导致没有时间消遣。他们深深懂得劳逸结合的道理，因而能够在最短的时间内高效地完成很多事情，从而让自己拥有更多自由自主的时间，也为此帮助自己获得更好的发展，成就精彩的人生。

不对自己狠一点，你怎么成长

人们总是说“想要有所作为，就要对自己狠一点”，可是遇到问题的时候又有多少人对自己狠下心呢？不用说什么成就一番伟业，就算是生活中戒烟戒酒、减肥瘦身这样的小事，很多人，都无法对自己“狠一点”，总是说“以后我肯定不再这样了，这是最后一次”，可是总是这样宠着自己，我们又该如何面对人生的风风雨雨呢？

只要能对自己“狠一点”，做自己该做的事，集中精力，全心全意，毫不懈怠，每个人都能把自己的工作做得很出色。遗憾的是，绝大多数人却总是沉溺在微不足道的“舒适”中，哪怕机会一次又一次从身边溜走。

邓文迪对自己总是非常严格，甚至有点太“狠”。她把自己的学习和生活安排得满满当当，忙碌的程度简直令人难以想象。她每天早晨6点起床上学，11点多一下课就要赶到中国餐馆打工，一直做到晚上10点，才能回家看书，刻苦研读熬到深夜。由于大家都在打工，所以好似拼命三郎的邓文迪不但不觉得苦，相反还觉得很有意思。邓文迪在读中学时就相当刻苦，在她报考耶鲁大学的MBA工商管理硕士时，数学这一门竟得了满分。她说，“感觉那些大学课程，我在中国念高中时就读过了”，就是在这样的努力下，邓文迪终于成功读完了4年的MBA工商管理课程，拿到了硕士学位。对于这段经历，邓文迪非常自豪，觉得对自己虽然有点狠，但是能够自己养活自己是很有意义的。

回忆起在耶鲁大学做学生时那些紧张忙碌的日子，邓文迪的内心总是特别充实而快乐。她并不觉得自己过得又苦又累，因为在耶鲁大学的那段美好时光让她第一次找到了自己的理想。那时候美国的大学都是课时学分制，只要考试考得好就是好学生。求知欲极强的邓文迪对考试最是拿手，所以成绩总是出奇地好，这也是她刻苦学习的结果。那时候，仿佛全世界优秀的人才，都聚集在一起做朋友。耶鲁大学的那些同学爱好广泛，事业都很成功。

如果邓文迪不懂得对自己狠一点的意义，那么就不会如此刻苦学习，努力做最好的自己。所以她成功了，她用自己的努力证明了自己。在困难面前，有的人迷茫了，认为希望就像肥皂泡一样破灭了。但就是这个时候，我们更应该懂得这只是我们人生真正考验的开始。想成功，就要对自己狠点儿。我们应该坚决面对困难不妥协，想尽一切办法去克服它。

人就是一根弹簧，越是有压力的时候就越能显示出自己的能力。这个比喻很贴切，所以说，希望我们能够做到像弹簧一样，在压力面前有一股反弹力，遇到挫折而变得更加坚强。

第05章

其实你比自己想象中坚强得多

我们都知道，人无完人，我们都有缺点，然而，这不代表我们要否定自己，实际上，尤其是当困难来袭时，大部分人比想象得表现得更为坚强，的确，坚强是一种品性，是人生遵循宇宙之则，万千锤炼，磨励出来的结果；坚强也同是一柄掌舵的浆，也是每一个人在不幸和屡遭失败，在伶俜寂寞中的一颗永恒支撑身心的精神柱梁，更是斩却心之魔的一把利剑。在生活中，我们每个人都要做一个勇敢的战士，绝不向所谓的困难妥协，最后，你会发现，坚持下去，如此美好。

挫折是一种对意志力的磨砺

在悲剧理论中，叔本华强调了意志的作用，其实，意志是战胜一切挫折的利器。曾任美国副总统的戈尔曾说：“自古以来的伟人，大多是抱着不屈不挠的精神，在逆境中挣扎着奋斗过来的。”在人生这条充满荆棘的路上，我们常常会遇到这样或那样的挫折与困难。当然，不同的人对挫折有着不同的理解，有人说挫折是人生道路上的绊脚石，有的人却说挫折是一种磨砺，会让今后的路更加平坦。古人曰：“百糖尝尽方谈甜，百盐尝尽才懂咸。”与河流一样，如果人生不经受历练，那就显得单调、幼稚。甚至，我们可以这样说，不经历挫折的人生是空白的。或许，我们并不知道前方有多少的挫折在等着我们，但是，有一点是很明确的，那就是这些挫折是不可避免的。在挫折面前，我们的力量是有限的，但挫折却是层出不穷的，当我们战胜了一个挫折，又会有更大的挫折在等着我们，人生就是这样一个不断前进的过程。

一位少年自认为看破了红尘，放下了一切，历经了千辛万苦找到了隐藏在深山里的寺院，他要求见方丈想出家，他认为自己只有在这里才能真正地洗去城市的繁华与浮躁。方丈仔细打量着少年，问道：“做和尚要独守孤灯，终身不娶，你能做到吗？”少年坚定地回答：“能。”方丈又问：“做和尚要每日三餐粗茶淡饭，粗衣薄挂夏热冬寒，你能忍受的了吗？”少年回答说：“能。”方丈又问：“做和尚要无欲无求、无怨无恨，不问恩情，不记仇恨，无论任何时候都要心如明镜不染尘埃，你能做到吗？”少年斩钉截铁地说：“能。”然后，方丈问了一些关于佛法的东西，少年都能作出很好的回答。但是，最后，方丈拒绝了少年出家的请求，而是把少年送下了山。临走时，方丈留下了这样一句话：“未曾拿起莫谈放下，当你真正拿起时，你再回来告诉我你还能不能放得下。”

一个人若是没有经历过生活，那自然不会理解出生活的艰辛；一个人若是没有真正经历过挫折，自然不懂得选择快乐的角度。一旦挫折降临，就想要逃避这个世界，这本来就是一种不负责任的做法。生活中，只有那些真正经历过挫折的人，才能放眼望世界，因为经历了挫折的生活在他们眼里变得更加绚丽多彩了。

挫折造就着生活。凡是能够成大事者，他们必须经得起挫折的历练，经得起失败的打击，因为成功需要风风雨雨的洗礼，而一个有追求、有抱负的人，他总是视挫折为动力。所以，挫折对于天才来说是一块成功的跳板，对强者来说则是一笔宝贵的财富。所谓的挫折是一所修炼人生的高等学府，你是否能顺利毕业则源于内心强劲的忍耐力。

不畏挫折，所彰显的就是一份强劲的意志，这是叔本华所推崇的。曾国藩说：“吾平生长进，全在受挫受辱之时，打掉门牙之时多矣，无一不和血一块吞下。”如果经不起挫折，受不了历练，处处较真，我们将沉没在痛苦的生活里，永远没有希望，也没有前进的方向。其实，挫折带来的并不全是坏事，它能使我们的人生绽放出最美丽的成功之花，而从挫折中汲取到的教训将是我们迈向成功的垫脚石。

挫折是一门生活必修课，但是这并不是说挫折是不可战胜的，挫折的必然性让我们在遇到它时就没有必要怨天尤人，更没有必要处处较真。因为挫折不具备不可战胜性，所以，面对挫折，不必畏惧，迎难而上，直面挫折，把生活中的每一个挫折都看做是上天考验我们的一次机会。

没有较强的意志力，就无法获得成功

莎士比亚曾说：“宗教如萤火虫，为了发亮，非有黑暗不可。”所谓的苦难、错误并不是白白经历的，忍耐这些痛苦之后，它会让我们的人生绽放出最美丽的成功之花，因为意志力是成功的砝码。具有强劲意志力的人，他们从来不惧怕挫折和困难，他们甚至将挫折当作是自己人格的试金石。当自己输得只剩下生命时，潜在心灵的力量还有多少呢？如果没有较强的意志力，就没有勇气，没有拼搏精神。只有保持强劲的意志力，一往无前，坚持不懈，才会在失败中崛起，弹奏出人生的华丽乐章。人们在面对压力和困难时会激发出巨大的潜能，但在迎难而上的同时，他们注定要经历磨难之苦，这时若没有较强的意志力，他们就无法获得成功，因此，我们说，意志力是成功的砝码。

曾国藩说："困心恒虑，正是磨炼英雄，至汝于战，李申夫尝谓余叹气从不说出，一味忍耐，徐图自强。因引谚曰：'好汉打脱牙和血吞。'此二语，是余生平咬牙立志之诀。余庚戌辛亥间，为京师权贵所唾骂，葵丑甲寅，为长沙所唾骂；乙卯丙辰，为江西所唾骂；以及滨州之败、靖港之败、湖口之败，盖打脱牙之。时多矣，无一次不和血吞之。"一个人如果不通过不断的磨砺来提升自己、完善自己，就会让自己私欲、情欲膨胀，自己的意志也会变得软弱。一个人若是要想成就一番事业，那就必须要不断地磨砺自己，除此之外，别无他法。凡成大事者，必须忍受得住困难的打磨，经得起失败的打击，成功需要风风雨雨的洗礼，一个有追求、有抱负的人，总是视挫折为动力，有一句话说的好："能受天磨真铁汉，不遭人嫉是庸才。"所以说：意志力对于天才是一块成功的跳板，对强者是一笔宝贵的财富。而对于弱者，就是使之坚强的臂力器。

曾有人说："成功的人生是痛苦与失败的交织，是磨难与顺利的交替。"命运赐给我们机遇和幸福，同时也给我们缺憾和困难，如果我们缺乏应有的忍耐力，在痛苦与困难面前低了头，那我们也将失去机遇和幸福。因此，面对生活中的挫折和困难，不要畏缩自卑，不要怨天尤人，而是要用坚强的意志和刚毅的态度对待磨难，用豁达的心态来对待生活，这样我们就会多一点希望，收获多一些幸福。

成功的人生往往是从卓越的目标开始的，但卓越的目标的背后肯定是充满荆棘和坎坷的路。如果想要通过这样一条路，就必须要经受得住荆棘的刺痛和坎坷的摔打，而经受住这一切，就需要较强的意志力，这样追求成功的意志才会坚强起来。意志力是人生不可多得的财富，拥有了这笔财富，就没有什么困难不能克服，就没有什么曲折可以把人击倒。

战胜了自己，就跨过了人生中最大的栅栏

在这个世界上，最了解你的人就是你自己，人生中最大的敌人同样是自己，一切困难的产生都源自我们的心中，当你明白所有的折磨和障碍全部是自己制造的时候，我们就有机会真正克服它、战胜它。人生最大的敌人是自己，只要战胜了自己，就跨过了你人生中最大的栅栏。

孟子说“天将降大任与斯人也，必先苦其心志，劳其筋骨，饿其体肤，空乏其身……”上天折磨我们正是要降我们以大任。如果我们在折磨中能够保持乐观的心境，磨练更加坚强的意志，那等到大任到来的那一天，我们才会更加从容淡定，沉着应对。如果我们一直呆在安乐窝里，那么，面对大任，我们就会感到茫然无所适从，面对大任中的困难我们就会退却，从而失去成大事的基本素质。所以，面对折磨我们要锻炼更坚强的意志。

正德年间，朱宸濠起兵十万攻下九江与南康，当时王阳明正准备前

往赣州，因为他知道宁王起兵只能在赣州，他决定去找曾经一起作战且非常了解的伍文定。但是，当他打算坐船去那里的时候，却遭遇南风，因为赣江要向北，而南风逆行，所以船根本走不动，而这时朱宸濠已经知道王阳明的行踪，并派兵来追击。前面路不通，后有追兵，王阳明在绝境之中向上苍祷告：如果上天眷顾天下苍生，就让风向改为北风，说来也巧，等他祷告完了，风向果然变了。

尽管风向变了，但船还是无法行驶，因为船工害怕追兵，王阳明无奈之下只好拔剑将船工的耳朵割下，虽然这样，船还是走得很慢，完全没办法摆脱追兵。就在这危急关头，王阳明有了主意，他与自己的谋士雷济一起跳上小渔船走了，不过在上渔船的时候，他又担心还在大船上的夫人与儿子，不过如果不及时离开，那就无法摆脱朱宸濠的追兵。情急之下，王阳明的夫人拔出剑，逼迫其乘坐渔船离开。等到朱宸濠的追兵赶到，发现船上根本没有王阳明。

尽管处境艰难，但王阳明还是战胜了自我，以自己的聪明才智摆脱困境。恐惧源于想像，折磨源于内心。一个人内心的屈辱感，对现实的恐惧，对未来的绝望，更能折磨一个人。世界上自杀最多的人是诗人，画家，哲学家，并不是因为他们面对了更多的折磨，而是他们感知折磨的心最敏感，内心不敏感，不足以捕捉生活中的异相，成就作品，内心过于敏感，就更容易感知痛苦，折磨，更容易厌世、轻生。

或许你不知道，有一种体型肥胖的巨蜂生活在非洲中部地区干旱的大草原，它们的翅膀很小，脖子又粗又短。不过，它最大的特点是能够在非洲大草原连续飞行250千米，且比一般的蜂飞得更高。平时它们就会躲在岩石缝隙或者草丛里，当发现食物才会飞出来。而且它们非常聪明的是能够在一个地区天气变得恶劣时成群结队地逃离，去天气更好的地方。这比其他普通的蜂更聪明，因为其他的蜂只会束手无策，结果死于恶劣的天气。

这种强健的蜂因而被科学家们称为非洲蜂。不过，在研究这种蜂的过程中，科学家们发出了疑问：根据生物学的理论，这种蜂因体型肥大、翅膀十分短小，在能够飞行的物种中飞行条件是最差的，甚至还不如鸡、鸭、鹅。特别是在蜂同族中，它更是不值得一提。若是根据物理学的理论，由于它的身体和翅膀的比例，它完全是不能够飞起来的，所以它能飞完全是不可思议的事情。

这是怎么回事呢?

按照科学家的理论，这种蜂不要说自己起飞，就是我们用力把它扔到天空去，它的翅膀也不可能产生承载肥胖身体的浮力，会立刻掉下来摔死。可是事实却是恰恰相反的，它不仅仅不用借助我们的力量，完全依靠自己的力量飞行，而且是飞行的队伍里最为强健，最有耐力，飞行距离最长的物种之一。科学家们从来也没有遇到过对科学这样残酷的挑战。因为在这个小小的物种面前，所有关于科学的经典理论都不成立。

折磨分为两个方面，一方面是你肉体、心灵实际受到的折磨，另一方面是你的内心对这种的感知程度。我们内心的屈辱，恐惧，绝望就是一个放大镜，他会让你受到的实际折磨无限扩大，直到觉得无法承受。

一个人最大的敌人就是自己，最大的折磨，就是内心的感知。这并不是要我们麻木无知，而是要我们锻炼心理的承受能力。既然折磨是我们人生中不可缺少的一部分，那就让自己享受折磨，在折磨中变得更加坚强，更加沉着和成熟，收获更加坚韧丰富的人生。

人生最大的磨难，不是生活给了你多少折磨，而是你的内心怎样对待它。只要我们拥有宽广的心胸，坚强的意志，乐观的精神，就能够笑着面对任何苦难和折磨，就能把折磨我们的地狱，变成天堂。

熬过艰难时刻，终成大器

问："静时亦觉意思好。才遇事便不同，如何？"先曰："是徒如静养，而不用克己工夫也。如此，临事便要倾倒。"在贵州龙场驿站，王阳明陷入自己一生的回忆之中，他为自己打造了一副石棺，在潮湿的岩洞之中，忍耐艰难时刻。12岁立志，21岁格竹未成功，后来身在仕途却被贬谪贵州，幸而幡然醒悟，开始潜修心学，终成大器。

查尔斯·詹姆士·福克斯对那些面对艰难从不灰心丧气的人，总是寄予厚望，他说："年轻人首次登台亮相就博得满堂喝彩当然不错，不过我更欣赏在失败后还能一再尝试的年轻人，这才是生活的强者，他们往往比首战告捷的人发展得更好。"在追寻梦想的路程中，挫折与失败最能考验人的意志，也最容易让一些人胆怯，恐慌、生气和抑郁。但是，只要我们坚持心中的梦，忍受艰难时刻，最终会等来梦想照进现实的一天。

生命中，往往是那些艰难的时刻成就了我们。生命中没有逆境，也就无法使才能与智慧获得增长。如果你想采摘玫瑰，就不要怕刺扎破手指。人的一生中不可能只有成功的喜悦而没有遭受挫折的痛苦，一个人如果能在失望中与绝望中看到希望，抓住新生，他就已经获得了一半的成功。

人生中没有直路，当你踏上人生征途之后，就要做好迎接挫折挑战的准备，面对挫折坚强不屈，绝不退缩，把挫折当成奋斗的阶梯，当成磨练生命的礼物，用自信、乐观和毅力面对挫折，用坚强、镇定和勇敢战胜挫折，这样才能一步步地实现自己的梦想。

宣永光曾说："困难是欺软怕硬的。你越畏惧它，它越威吓你。你越不将它放在眼里，它越对你表示恭顺。"生活中的艰难是必然的，所以，当我们遇到它时没有必要怨天尤人。面对艰难，不要畏惧，迎难而上，直面困难，将生活中的每一个艰难都当做是上天对我们的考验。

只要我们心中怀着必胜的信念，对自己说："我能行！"那么，那些艰难的时刻最后往往会成就我们。

接受挑战，证明自我

每个人都是有潜力的，而且每个人的潜力都非常大，甚至超乎人们的想象。因而在面对人生中形形色色的挑战时，我们完全没有必要畏缩不前，也不必因为面临挑战而显得紧张万分。正如古人所说的，兵来将挡，水来土掩，我们对人生也应该怀着这样的态度，勇敢迎接挑战的到来，做到从容淡定，顽强不屈。

对于每个人而言，挑战不仅能够验证能力，也意味着是否拥有勇气和信念。通常情况下，所谓的挑战都是超出人们能力范围的，也因而更具有激发潜能的作用。当一个人在迎接挑战成功之后，一定会感受到自身的力量，也对自己产生巨大的信心。尤其重要的是，在完成挑战的过程中，我们还可以不断地提升自我，完善自我，从而使自己变得越来越强大。

有的时候，挑战还能激发出一个人不服输的精神，从而更加爆发出巨大的能量，使自己排除万难，顺利获得成功。我们无须担心的是，当一个人因为被激怒而迎接挑战，那么我们再也无须特意激励他，因为他自己就会主动激发自己，战胜挑战，证明自我。

当年，纽约州州长爱尔·史密斯为了找到合适的人管理星星监狱，特意向刘易斯·劳斯发出邀请，不想这个邀请让刘易斯·劳斯感到非常为难。原来，星星监狱是整个美国最为臭名远扬的一座监狱，位于魔鬼岛的西部，不但位置偏远，而且很难管理。在这所监狱里，充斥着各种各样的丑闻和黑幕交易，而且还有形形色色的政治斗争，形成让人难于应付的旋涡。为此，先后有几个监狱长任职没多久，就全都辞职走人了。其中有个监狱长居然只在任短短三周的时间，就仓皇而逃，再也不愿意回到这个让人头疼的地方。当然，刘易斯·劳斯也知道这一切，毕竟臭名昭著的星星监狱是业内人都尽所周知的。为此，他不知道是否能迎接这个巨大的挑战，毕竟这很有可能也使他的人生陷入被动之中，他可不想承担逃兵的罪名，更不想为此损失惨重。当然，他也知道一旦他能够战胜这次挑战，他马上就能名利双收，获得丰厚的回报，毕竟机遇与挑战总是并存的。

在经过一番仔细衡量之后，刘易斯·劳斯决定迎接挑战，他接受了爱尔·史密斯的邀请，如期到任。当然，他也采取了各种改善的手段，对犯人实行恩威并施、既威严也充满人道主义的管理。如此一来，犯人们在短短时间内就见识了他的厉害，也得到了他的恩惠，不但把那些不服从管理的犯人最终驯服，那些得到他恩惠的犯人更是彻底对他心服口服。最终，他还根据在星星监狱任职期间的经历创作了《星星两万年》这本书，受到了广大读者的欢迎和追捧，成了当之无愧的畅销书。由此，他实现了名利双收，也因此成为美国大名鼎鼎的监狱长，名留青史。

刘易斯·劳斯是人生真正的强者，所以在面对人生的挑战时，才能够无所畏惧地迎难而上，最终获得了巨大的成功。对于刘易斯·劳斯的选择，如果从保守的角度来看，已经功成名就的他显然没有必要冒这么大的风险，但是从人生不断进取的角度而言，他不仅是为了州长的盛情邀请，更是为了挑战自我，提升自我，所以最终在经过认真权衡之后才会接受挑战。也因此他最终如愿以偿地得到了名和利，而且还出版了《星星两万年》的畅销书，可谓人生赢家。

朋友们，面对挑战，只要觉得自己的能力通过提升可以到达，千万不要因为畏难情绪的影响就轻易放弃。人之所以能够不断取得进步，正是因为在持之以恒地挖掘和发挥自身的潜能，也因而才证实自身的能力不可限量。曾经有心理学家证实，人的潜能是无限的。的确，生活中也有很多常见的事例证明了这一点，因而只要我们对自己有信心，端正态度、积极迎接各种挑战，就一定能够激发出自身的潜能，成为人生中真正的强者。当你感受到挑战成功带来的喜悦之后，你必然对自己更加拥有信心，从而使得人生进入良性循环之中，不管是做人做事都更加信心十足，也使得整个人生都更加出彩。

逆境是磨难，更是成长的契机

人生并非只有坦途，大多数情况下，人生更多的是逆境。面对逆境，我们或者坚强不屈地活着，或者被逆境征服，让自己的人生变得黯然失色，相信聪明的人都知道应该作何选择。遗憾的是，知道是一码事，做到又是另外一码事。很多人在面对人生的时候，说起话来信誓旦旦，但是真正做起事情来却完全变了模样。正如在逆境中成长的道理人人都知道，但是真正能够做到的人却少之又少。

关于人生，孟子曾经说过，“生于忧患，死于安乐”。这句话的意思告诉我们，在各种灾难和忧愁中，人生反而容易得到更好的发展。但是在安乐的生活里，人反而因为麻痹大意，导致对人生估计不足，因而人生没落，我们也无法实现人生的理想和目标。就像展翅翱翔的苍鹰，实际上，它们并非天生就拥有强壮有力的翅膀。每当小鹰孵出来，母鹰总是残酷地把小鹰赶出家，从而逼迫小鹰依靠自己的能力在自然界中生存，更早地学会展翅翱翔。否则，假如小鹰一直留在母鹰身边，最终会因为无法适应残酷的自然环境，导致失去性命。此外，鹿妈妈在生下小鹿后，在小鹿才刚刚睁开眼睛看世界时，就会不停地踢小鹿，逼着小鹿在刚刚降临人世的第一时间就学会站立。也许这看起来有些残酷，但是很好地帮助小鹿适应危机四伏的大自然，从而提升了小鹿生存的机率。遗憾的是，连动物都明白的这个道理，如今我们很多的爸爸妈妈却将其抛之脑后。随着独生子女时代的到来，爸爸妈妈们对于孩子看得越来越重，甚至有些爸爸妈妈会对孩子照顾得无微不至，导致孩子们真的成为衣来伸手、饭来张口的小公主、小皇帝。也因此，时不时地有高分低能的孩子出现，甚至有些孩子考上大学之后还不会铺床、不会剥鸡蛋呢！这是因为，在爸爸妈妈的精心照顾下，他们从未见过没去壳的鸡蛋，也从未自己亲自铺床叠被过。不得不说，这是现代教育的悲哀。一个人哪怕学识渊博，也必须具备独自生存的能力，才能在这个社会上更好地生存和发展。尤其是人生并非总是一帆风顺的，父母也不可能跟在我们的身边照顾我们一辈子。所以，朋友们，我们必须学会自立自强，而且要学会勇敢面对人生的挫折和磨难。唯有如此，当遭遇逆境的时候，我们才能继续生长，茁壮成长。

对于逆境，很多吃足了逆境苦头的朋友，总是怨声载道。殊不知，逆境对于任何人而言虽然会带来磨难，但是也是成长的最佳契机。可以说，人在顺境之中获得的成长很少，唯有在逆境中，人们才有更多的机会得到磨炼，也让自己意念坚强，决不放弃。诸如伟大的音乐家贝多芬，他小时候其实饱经挫折，生存艰难。但是他始终没有放弃对音乐的追求，即使在两只耳朵都失聪之后，也依然执着于音乐创作，所以他才能成为一代伟大的音乐家，也才能创作出流传千古的音乐作品。中国古代的司马迁受到残酷的宫刑，但是他从未放弃《史记》的写作，因此他才能得到“千古之绝唱，史家之离骚”的至高评价。可以说，古今中外那些成就伟大事业的人，无一不是从逆境中艰难跋涉出来的。他们从不会被逆境吓倒，而是踩着挫折的阶梯，永攀逆境的高峰，最终超越逆境，获得成功。

曾经，伊朗有个国王非常喜欢铺张，因而在听人说法国的凡尔赛宫殿非常漂亮气派之后，他很不服气，当即决定按照凡尔赛宫的样子，把自己的皇宫也重新装饰一新。因为凡尔赛宫殿的大厅里有一整面墙的镜子，所以国王当即决定他的新宫殿也要有这样一整面墙的镜子。得知国王要重新建造宫殿的消息后，全国各地的诸多建筑商都赶来面见国王，希望有机会重建宫殿。经过严格的挑选之后，国王决定把修建宫殿的重任交给建筑商拉亚。对此，拉亚觉得很荣幸，他也决定要不遗余力地建好宫殿。

拉亚是个实力很强的建筑商，在他的带领下，新宫殿的修建工作进展顺利。事实证明，他们最终一定会因为这座气势恢宏的宫殿赢得国王的赞赏。眼看着新宫殿即将完工，拉亚如今只等待远道运来的镜子到达之后，把大厅的那面墙安装好镜子，就可以向国王交差。然而，等到镜子运到后，拉亚沮丧地发现包装箱里的镜子在运输途中已经破碎了。为此，拉亚几乎崩溃，因为国王根本不会管这是不是意外。拉亚很清楚，他非但无法得到国王的认可和赞赏，反而有可能因为这些破碎的镜子失去生命。为此，拉亚简直急得如同热锅上的蚂蚁一样。

正当拉亚着急万分时，他手下的一位设计师主动请缨，告诉拉亚他有办法解决问题。拉亚不知道他会怎么样，却突然看到他拿起大锤子，把仅剩的几块相对大片的玻璃，也都砸成了碎片。拉亚不知道这个设计师的葫芦里卖的是什么药，因此惊讶万分，赶紧阻拦设计师。不想，设计师却满脸轻松地说："我们可以把碎片镶到墙壁上，这样不仅仅一面墙有镜子，好几面墙都可以有镜子，肯定比凡赛尔宫更加漂亮。"听到设计师的话，拉亚不由得欣喜若狂。果然，他们后来因为这几面镜子墙的创意，都得到了国王的赞赏和嘉奖。

得罪国王，脑袋可就保不住了，因而大多数人如果遇到上文故事中的情况，肯定也会和拉亚一样吓得心惊胆战。但是那位年轻的设计师反其道而行之，非但没有害怕，反而还拿起锤子把仅有的几块大块的玻璃也打碎了。正是因为他的奇思妙想，才能帮助拉亚摆脱危机，得到国王的认可。

毫无疑问，这位年轻的设计师在面临人生困境和挫折时，从未放弃，而是保持清醒理智的头脑，想出了一个切实可行的好办法。这样青出于蓝而胜于蓝的玻璃墙，最终真的帮助他们赢得了国王的认可和赏识，也使他们免遭国王迁怒，可谓一举数得。人生中真正的强者，并非是在人生的顺境中表现出非凡的能力，而是在人生的逆境中也能够保持镇定，丝毫也不慌乱，这样才能想出切实有效的解决问题的好方法。

第06章

在不完美的世界里活出完美的自己

在对自我价值的认定中，我们都强调一点：人无完人。人都有缺点和不足，无法做到完美，但这不能成为我们追求极致和完美的借口，不能成为我们不断努力和学习以及奋进的绊脚石。的确，人正是因为不断反省和不断充实自我，才能不断前进，也只有这样，我们才能在不完美的世界里活得出色和精彩。

无论何时，也别放弃自己的原则和底线

俗话说，“没有规矩不成方圆”，为人处世，需要讲究规矩、原则，这是人生在世最基本的底线，这条底线就好比人生的起跑线和终点线，若没有它的约束，人们不知该从何处起跑，也不知该从何处结束，前进没有了目标，后退也没有了方向。人们那些胡作非为、自讨苦吃的行为无一不是在丧失原则的情况下发生的，因此，做人一定要守住自己人生的底线。

除夕之夜，德国留学生刘宛露与同学参加了一个当地华人组织举办的迎新晚会，晚会结束后，整个城镇都黑了下来，这种时候，谁不想快点儿回家休息呢？刘宛露走得飞快，只差没有飞起来了。谁知刚走到路口，正赶上一个红灯，马路上一辆车都没有，街上也没有摄像头，刘宛露没有犹豫，继续向前走去。

“站住！现在是红灯！”身后传来一声尖利的叫声，在沉寂的夜色中格外清晰，刘宛露停下脚步，回头一看，原来是一对老夫妇，老先生坚定地说：“现在是红灯，不能过马路，要等到变成绿灯才能过去。”

刘宛露的脸一下烧了起来，她歉然的说，“对不起，我看现在没有车，就想快走几步……”

那位德国老先生一连严肃地说道：“交通规则就是原则，不是看路上有没有汽车，在任何情况下，人都必须要遵守原则！”

老先生的话深深警醒着刘宛露，从那一刻起，她再也没有闯过红灯，她也一直深深记着老先生的话，“在任何情况下，人都必须要遵守原则”。

人所生活的社会是以原则为底线的，做人做事皆有原则可循，若不遵守原则，不照章办事，必然会导致整个社会紊乱。但有些人总是会找出很多理由来降低自己的底线，底线的缺失使得他迷失了自我，工作生活都不顺利，那是因为他的底线与命运都掌握在了别人手里。

人生真正的底线，代表着不可更改的最后界限，对我们来说，面对这条底线，绝对没有“也许”“或者”等种种理由让自己的底线一降再降。社会复杂、物欲横流，如果不秉承“绝对不侵犯底线”的理念，那永远都会有理由逼迫我们违背底线，做出无法挽回的事。

底线是一条能置之死地而后生的神奇界限，涅槃重生的痛苦令很多人退步，因此宁愿选择放弃底线而苟活于世，但你要知道，世界温暖也残酷，放弃了底线，我们失去的是整个世界，那是一种无尽的痛楚，你将永远不能看到未来的光明，只能注定为他人当配角，无法圆自己的美梦。

人生的底线也许不会让我们过得富贵，但却能让我们活得更有尊严，在漫长的生命中，有尊严地活着是人们最终的追求。只有当你坚持自己的底线神圣不可侵犯，别人才会止步于你的底线之前，不再对你的人生横加干涉。也许，坚守人生的底线不一定能帮助你得到你全部想要的，但你所得到的，一定不是你不想要的。

人生在世短短几十年，人与人都过着不同的生活，无论事业如何，你都不要将自己的生命、精力和时间放到最不该越界的地方。坚守自己的人生底线，不做那些不该做的事情，那么无论你的人生成就如何，你都可以无愧于心的安享人生。

优化自身的最佳途径，就是抵制人性弱点

王阳明少年时期曾到居庸关去“见世面”，他深深地被大漠风光吸引，回来之后向父亲表达了以几万人马讨平鞑靼的志向，父亲当即批评他太狂傲。之后，王阳明经过一番思考、自省，向父亲承认了自己的错误。因为善于潜修自己，所以他最终成为了一代圣贤。优化自身的最佳途径，就是抵制人性弱点。

一个人，不管他有多么伟大或是多么顽固，都会存在着这样或那样的弱点，有着自己的软肋。一旦这样的弱点被他人击破，那我们自身将难以成功。而现代社会，本来就是一个到处充满着诱惑、陷阱的社会，诸如金钱的诱惑、美色的诱惑、名利的诱惑、地位的诱惑、情感的诱惑

等，在人性弱点的延伸下，我们往往会迷失了自己。每个人都有弱点，欲望越多的人弱点也就越多，陷入深渊的可能性也就越大。

在成长的过程中，不断检查自己，不断反省自己，不断管理自己，就会减少自己身上的弱点。在未来的行程之中，我们就会少一些心灵上的纷扰，多一些自在。在人生的道路上，我们会面对各种不同的挑战，但是，我们最大的敌人并不是别人，而是自己，我们更要勇于挑战自我。一旦发现自己的某些弱点比较突出，有可能对自己人生造成破坏性影响的时候，一定要紧急刹车，抵制人性弱点，这样我们才能重新上路，走向成功。

对于约翰尼·卡特来说，即使自己的梦想实现了，但是人生的挑战还没有结束，在几年的巡回演出过程中，卡特的身体拖垮了。每天晚上，卡特都需要借助安眠药才能入睡，而且，还需要服用“兴奋剂”来维持第二天的精神状态。逐渐地，卡特沾染上了坏习惯，酗酒、服用催眠镇静药和刺激兴奋药物，坏习惯越来越严重，导致他对自己失去了控制能力，在以后的日子里，他不是在舞台上就是在监狱里。有一次，卡特从一所监狱刑满出狱的时候，一位行政司法长官对他说：“约翰尼·卡特，今天我要把你的钱和麻醉药还给你，因为你比别人更明白你能充分自由地选择自己想干的事，这就是你的钱和麻醉药，你现在就把这些药片扔掉吧，否则，你就去麻醉自己，毁灭自己，你自己作出选择吧！”卡特一瞬间醒悟了，他选择了生活，他找到了私人医生，痛下决心戒掉坏习惯，医生不太相信他：“戒毒瘾比找上帝还难。”卡特决心

“一定能找到上帝”，他开始了漫长的戒毒之路，卡特将自己锁在卧室闭门不出，忍受着巨大的痛苦。当时，在卡特面前的有麻醉药的引诱，有奋斗目标的呼唤，卡特选择了奋斗，漫长的9个星期过去了，卡特回归了久违的正常生活。重返舞台后，卡特成为了一名著名的灵魂歌手。

一个人想要征服世界，首先要战胜自己。在日常生活中，我们很容易就会陷入自我的泥潭而无法自拔，沾染上一些坏习惯，整个人变得颓废不堪。学坏总是那么容易，而要想学好却是难上加难，为了避免自己一不小心走“下坡路”，我们应该时刻警惕自己的行为，努力走向上坡，然后欣赏别样的风景。

抵制人性的弱点，可以有效地管理好自己，而这当然需要极强的自制力。比如，列宁就是一个自制能力极强的人，他在自学大学课程的时候，为自己安排了严格的作息时间表：每天早餐后自学各门功课；午餐后学习马克思主义理论；晚餐后适当休息一下再读书。本来列宁是很喜欢下棋的，一下起来就痴迷了。后来他感到这太费时间了，毅然戒了棋。当然，这只是一件生活中的小事，但凡事都是从小事开始，如果我们有毅力去改变自己生活中的一些小事，又何必担心不能抵制人性的弱点呢?

哲人说：“贪图享乐是厄运的源头，克制好自己的欲望，做好自己的事情，才能平平安安地度过自己的人生之旅。”随时警惕自己的行为，不要让自己踏上贪图享乐之路，无论是欲成大事者，还是一个普通的人，我们都应该学会自制。

不断进取，才能做到更好

王阳明认为一个人若无法认清自己，就容易骄傲自满，就好像装满了水的容器，稍微晃动，水便会溢出来。长此以往，必定故步自封，或止步不前。人生在世，短短数十载，岁月无痕，晃眼如烟。正因为人生的短暂，所以我们不能就此放弃，不能因为它的短暂而不思进取。不满足现状，时刻保持进取心和斗志，最终的结果一定是现状持续在改善。而满足于现状，容易使人懈怠、不思进取，最后连现状也维持不了。

鲁迅先生说过："不满是向上的车轮，能载着不自满的人类向人道前进。"新闻集团总裁鲁伯特·默多克的第三任妻子、MySpace的中国负责人——邓文迪，她也曾经说："我是一个进取上进的人，无论做什么都会尽心尽力。人生充满了跌宕起伏，不管是顺境还是逆境，我都会找到美好的东西，使生活尽可能地完美。"满足是成功的绊脚石，我们要不断归零，不断进取。人要有欲望，不满足，这是进步的先决条件，唯有不自我满足的人才能不故步自封，这才是前进的动力，不要满足于现在的自己。时时超越自己，才能在人生的旅途中找到成功的路，创造一个更美好的人生！

小李在北京一家广告公司工作，有次，他去上海找一位大学同学，这位大学同学刚毕业时和小李境遇差不多，但在上海的这些年，他已经找到一份很好的工作，月薪上万，并娶了一个很好的太太，生活得也很好，这让小李很是羡慕。

小李这次来上海，是因为出差，顺便去看他而已。他带小李来到一家五星级酒店用餐。确实，他不缺钱，但小李认为，也没必要如此铺张。所以，小李对他说：“都是老同学了，随便找个地方吃点算了。”

他看出了小李的意思，便说到：“我不是打肿脸充胖子，到这个地方对你对我都有好处。”

小李不解地问：“什么好处？”

他说：“可能我的想法不对，但我认为，这是一种督促自己的方法：只有到这种地方来，才知道自己的财富还不足，你才会努力改变自己的现状。如果你总去小吃店就永远也不会有这种想法，我相信只要努力，总有一天我会成为这里的常客。”

接着，他说：“我们公司老板一直看不起生平无大志的人，他曾对一职员说：‘你满意现在的职位吗？你满足现在的微薄的薪水吗？’当那位职员踌躇满志，答复已觉得满意时候，他马上把他开除了，并很失望的说：‘我不希望我的手下以现在所拥有的即以满足，而终止他的前途发展。’”

听了他的话，小李深有感触，他的话不一定对，但他那种不以现状满足的生活态度是值得学习的。

从这个实例中，我们也应该有所感悟，永远不要满足现状，只有不断进取才会让自己做到更好！平凡的人之所以一无所成，就是因为他太容易满足而不求进取，一旦得到舒适安逸的位置，便混吃等死。这样，他一生只会盲目地工作，挣取勉强温饱的薪金，最终也只能碌碌无为。

至于追求成功的人，他会尽力寻求不满足的地方，以发现自己的缺点。

古人曰："居安思危。"那些成功者无不把这四个字当成人生的座右铭，"居安思危"不一定适合每个人，但"居安思危"却也不是每个人都能做到的。曾有人说过："一个人如果自以为已经有了许多成就而止步不前，那么他的失败就在眼前了。许多人一开始奋斗的十分起劲，但前途稍露光明后，便自鸣得意起来，于是失败很可能立刻接踵而来。"所以，切莫得意忘形，必须更加积极奋发，以使成绩永久不坠。

好的成绩得来不易，但更难的是在于如何持续保持，继续维持现在所拥有的。对于想要维持现状的这种观念是采取"守"的态度，终究会演变成消极的态度，从而失去以前所拥有的积极前进的动力，成长便会停顿。

有人说过，不满足现状的人，要么是胸有大志者，要么是贪得无厌者，因此我们要做不满足于现状的人，但绝不可做一个贪得无厌的人，因为"欲望无止境"！

接纳自己的不完美，轻松前行

这个世界上有绝对的完美吗？大多数人都认为有，并且以完美为标准去要求很多人、很多事情，当然，也用来要求自己。然而，你真的能够达到完美吗？其实，世界上根本没有绝对的完美，就像任何事情都有利有弊一样，所以，我们常常追求完美而不得。这样的痛苦，使我们开始质疑自己朝夕相处的世界，把自己折磨得苦不堪言。

生活中，有完美情节的人生活得很痛苦。记得很久以前读小学的时候，我记得自己几乎每天都要做的事情就是撕掉作业本的某一页。为什么呢？因为我觉得这一页有字写得不够好看，或者写错了，破坏了作业本整体的完美。结局是什么呢？结局是我的作业本用到最后，只剩下封面和封底，偶尔里面会有最后一页作业纸，依然不尽如人意。这就是追求完美的结果。既然完美的东西不存在，那么唯有毁灭，才能让我们追求完美的梦永生。但是，这个方式并不适合成年人的生活。你觉得自己的鼻子长得不好看，或者可以去隆鼻；你觉得自己的眼睛不够大，或许可以割个双眼皮，使其显得大一些；你觉得衣服不好看，可以丢掉重买；但是如果你觉得自己整个人都不够完美，真的没法退货；你觉得自己的人生经历不够完美，真的没法回过头去重写；你高考的题目写错了，交卷之后真的没法再和老师把试卷要回来改一改……这就是人生的无奈。对于这些无法重新来过也没有机会弥补的不完美，你怎么办？郁结于心，始终为此闷闷不乐？那么你将会失去更多。

没有人能够实现别人眼中的完美，因为众口难调，我们不可能完全洞察别人的内心，逢迎每一个人。所以，我们应该学会接受自己的不完美，当你对自己变得宽容，你也会对别人变得宽容，接受别人的不完美。如此和气友善的人，一定会赢得很多朋友。

人生之中，美好的东西实在太多太多，我们不可能拥有全部。所以，让自己淡然一些吧，因为命运是公平的。上帝在为你关闭一扇门的同时，肯定会为你打开一扇窗。只要乐观积极，开朗向上，你一定会幸福的，和完美与否无关！

坚持学习，才能不断充实和更新自己的知识储备

古人云：天行健，君子以自强不息；地势坤，君子以厚德载物。这句话告诉我们，一个人要想走向成功，就必须要坚持学习，而且还要找到正确的方法，做到善于学习。对于现代社会的每个人而言，学习都已经成为终生的命题。在这个信息大爆炸的时代，知识更新的速度也非常快，导致有很多大学生从一毕业开始，知识就已经落伍了。由此，像几十年前一样凭借着大学中的所学应付工作的局面已经不复存在了，如今的大多数年轻人一旦从大学校园里走出来，就必须马上学习，从而不断充实和更新自己的知识储备。

现实生活中，偏偏有很多年轻人无法意识到学习的重要性，他们觉得学习使人感到痛苦，因而总是贪图享乐，也想稀里糊涂地享受人生。然而，一时的快乐必然要付出人生痛苦的代价，这就是所谓的先甜后苦。明智的年轻人不会在应该拼搏的时候选择安逸，他们很清楚，暂时的努力，是为了将来人生的轻松。因而他们能够认清楚自己的情况，选择积极主动地学习，努力提升和完善自己，也会坚持接受新生事物，让

自己获得更大的信息量。这样的人生才是未雨绸缪的人生，也只有这样的人才能做到终生学习，从而避免被时代淘汰。

大名鼎鼎的画家徐悲鸿最擅长画马，在一生之中，他画了成百上千匹马，每一匹马都栩栩如生，姿态各异，也博得了人们的赞赏和喜爱。徐悲鸿为什么能把马画得这么好呢？这与他勤奋努力的学习态度是密不可分的。

在法国留学期间，徐悲鸿除了坚持正常的学习，几乎每天都会去巴黎博物馆。原来，巴黎博物馆里有很多画作和雕塑作品，因而徐悲鸿总是带着纸和笔，去那里进行素描练习。在此期间，他画的最多的还是马。为了节省时间，也为了准确把握马的造型，即使到了中午吃饭的时间，他也绝不放下画笔。他常常只吃一块面包，喝几口白开水，就把一顿饭搪塞过去了。当然，徐悲鸿也深知要想画好马，仅靠单纯的模仿是不可能做到的，必须在学习前人的基础上有所创新，加入自己的思想和情绪，才能最终形成自己的独特风格，让自己笔下的马与众不同。为此，他无论去哪里，只要看到骏马，或者是有特点的马，就一定会驻足观看，有的时候还会跟在马的身后进行持续的、不间断的观察。

凭着如此认真的学习和钻研，徐悲鸿的马画得越来越好。他笔下的马线条明朗，体态强健，灵活稳健，有着灵动的气质，显得很是缥缈。很多看过徐悲鸿奔马图的人，都对那些姿态各异、气势逼人的马印象深刻。最终，徐悲鸿凭着这些活泼灵动、栩栩如生的马，从人才济济的书画界脱颖而出，博得了自己的一席之地。

即使是大画家徐悲鸿，也需要坚持不断地学习，才能最终发挥出自己的真实水平和能力，得到他人的一致认可和赏识。其实，学习的过程就像是攀登台阶，我们只有一步一步踏踏实实地拾级而上，才能最终到达台阶的顶峰，享受一览众山小的美妙滋味。否则，当我们因为各种原因放弃时，我们的进步之路也就戛然而止，人生也会因此而止步不前。

当然，学习是枯燥乏味的，也需要我们付出极大的毅力才能坚持下去。但是细心的人会发现，只要我们坚持学习，总是能够得到意外的收获和惊喜，也会得到命运慷慨的馈赠。诸如，当我们的知识累积到一定程度之后，我们的眼界和心境也会发生改变，曾经对于人和事的看法也都会随之改变。这也是很多人因为知识层次不同，导致交流不畅的原因。通常情况下，人们只能与自己相同层次人进行良好的交流，否则就会有障碍和隔阂。因而我们唯有不断提高自己的层次，才能让自己进入更高层次的交流之中，也结识更多志同道合的朋友。由此可见，当我们觉得自身能力不足时，千万不要放任自己停滞不前。当我们继续通过学习不断进取，我们不但提高了自身的能力，也把自己的生活和人际圈子提升到了更高的层次，可谓一举两得。

生命不息，奋斗不止

让自己进步的方法很多，“每天做点困难的事”，就是“逼”自己进步的办法之一。美国学者爱默生说："永远做你害怕的事！"毕业于哈佛大学的美国哲学家詹姆斯也说："你应该每一两天做一些你不想做的事。"的确，谁不想安安稳稳地走完人生之路，谁愿意累死累活地跟自己过不去呢？可是，如果不这样，我们就不可能进步。

成功者在种种复杂而恶劣的环境里，仍然能一如既往地保持不断向前超越的观念。只有做到如此，才能获得更大的成功。成功，在于不断超越。超越是一种突变，一种解放，一种升华，正是这种超越，人类才能从蒙昧无知的洪荒远古走向文明昌盛的今天。只有勇于超越，不停地调整生命的目标，我们才能从一个高峰跃向另一个高峰，在生命的峰巅之上，领略壮美的风光。

别人所给予的永远都不会属于你自己。一个想要成功的人，不应满足于送入笼中的食物，而应该努力掌握自己捕猎的技能，找寻开启这个世界的钥匙。没有什么神明能保佑你，能帮助你摆脱现状的唯有自己——你就是自己的主宰！懂得为自己奋斗的人，决不会满意于目前的成就，也不会因为他人的夸奖而沾沾自喜。他们总是不停地向前迈进，在他们的眼中，下一次的努力永远都可能创造更高的成就。

人的一生，最大的敌人不是别人，而是我们自己。只有超越自我，才能懂得怎样去衡量别人的价值；只有超越自我，才明白如何接纳自己以外的一切；只有超越自我，才能使自己的人生更加丰富多彩；只有超越自我，才能展望到生命的全貌，绘画出人生没有断点的轨道。

每一个人都应该永远记住这样一个道理，只有不断超越自我的人，才是一个真正聪明的人。人生在世，你只要按照自己的禀赋发展自己，不断地超越心灵的绳索，你就不会忽略了自己生命中的太阳，湮没在他人的光辉里。不要以为自己很聪明就不用努力了，你应该把聪明看作是你自己的一个新起点，而不是终点。一切都会成为过去，迎接你的将是一个个新的挑战。

人生是一条奔腾不息的河流，永远不会停留在一个地方，也不会停留在某一阶段，它需要不断地超越。超越是升华，是突变，是人生不可缺少的阶段。没有这种超越，一个人就不可能成长为一个真正的人；没有这种超越，人类就不可能从愚昧无知的远古走到文明昌盛的今天。人活在世上，不能总为自己的那点"小成绩"而沾沾自喜，贪图安逸享受，放弃了努力奋斗的过程。满足现状的人，永远也享受不到人生的真正乐趣。

有一个心理学家曾经说过："你一定比你想像的还要好"，但是许多人并不这样认为。杰出人士往往在小小年纪时就怀有大志，想法就与众不同，无论遇到任何磨难，仍相信自己是最好的。你是不是有这样的信念，有别人打不倒的自信心呢？你的坚持有多强，你的自信就有多强，你的路就有多长。

第 07 章

能靠汗水解决的，就别用眼泪

有人说，生活就是充斥着酸甜苦辣的味道，只有经历了苦辣之后，才能体会到生活的甘甜之味。同样，要想实现理想，就要在年轻的时候洒下汗水，种下希望，努力奋斗。并且，能靠汗水解决的，就别用眼泪，当然，努力并非说说而已，我们需要给自己制订目标，有一个良好的心态，努力学习，不断充电，对自己想做的事情有一种强烈的欲望。如果你无限渴望去做某件事情，那全世界都会给你正能量去实现它。

要想成功，就要提升自己把握机会的能力

在生活中，每个人都抱有雄心壮志，都希望自己能够做下一番大事业，不想一生碌碌无为，可有的人总在抱怨，为什么苹果只砸在牛顿的头上，若砸在自己头上，自己也可以发现万有引力，这种人认为自己是千里马，空有满腔的抱负却无法实现，渴望名声却取之无门。要知道，机会对每个人都是平等的，只有失败者才会拿“没有机会”当作借口，那些成功的人总是善于抓住机会，而失败者只会任凭机会与自己擦身而过。

希凯的老板最近遇到了一件麻烦事，公司刚刚研发的新产品，还没有开始生产就被竞争对手抢先推出了同类产品，而且价格比自家公司的成本价还要低。希凯所在的公司若要推出更低价只会自毁长城，以往的老客户也都被竞争公司挖走了，纷纷毁约，一时间公司到了生死存亡的时刻，如果不能扭转这一局势，公司只能以破产收尾。

看到公司进入这般田地，很多同事都选择了跳槽，他们认为公司已经发不出薪水了，还呆在这干什么呢？还不如及早选择下一家新单位。还有一些没跳槽的员工，整日里也没有心思工作。希凯却有不同的想法，他认为现在正是施展他能力的时候，他有信心帮助老板渡过这个危机。

打定主意后，希凯仔细地分析了公司目前的状况，他发现情况并没有那么糟，如果能将产品再改进一下，更换几个重要零件，不但能够将价格降下来，产品的性能也能提高一个档次，反而能打开更多的市场，说干就干，希凯联合几个技术人员，加班加点地赶工，经过不断地研究，终于拿出了全新的产品改进方案。

希凯拿着方案找到了老板，老板看后紧紧握住了他的手，几个月后，经过改进的新产品隆重上市，由于之前竞争厂家只为抢市场，一味地进行低价销售，现在已经没有余力竞争，加之希凯公司的产品性能更强，价格适中，很快就收到了大量的订单，曾经毁约的老客户也纷纷慕名而来，要求恢复合作关系，公司终于摆脱了困境，迎来了新的发展。此事最大的功臣希凯，也被老板破格提升为公司副总，成为了一名成功人士。

成功固然要靠人的才能和努力，但抓住机遇，不观望、不犹豫同样重要，只有具备勇于尝试的勇气，并有付诸实践的决心，才能取得成功。因此，有些人因为一个机遇而扬名也就不足为奇。正如故事中的希凯，虽然他知道公司正陷入僵局，但同时他也看清这是一个绝佳的机会，如果他能抓住并充分利用好，那自己的前途必将一片光明，于是希凯果断行事，帮助老板解决问题，不但挽救了公司的败局，也为自己开拓了全新的未来。

机遇每个人都曾拥有过，区别只是有人能够抓住而有人任凭它溜走，有的人宁愿等待机遇来临也不愿自己先走出第一步，只能在等待中虚度了自己的时光，在现实世界中迷失了自我。当你感觉机遇已经来临，一定不要白白浪费，多留意生活中的点点滴滴，从中收获更多的机遇，从而走上成功。

有些人总在悲叹上天的不公，抱怨上天没有给予自己发展的机遇，其实上天对待每一个人都是公平的，只是有些机遇并不是那么明显，它可能会在你完全没有预料的情况下出现，因此若想成功，我们就需要提升自己把握机会的能力。

竭心尽力，专注于眼前事

《传习录》记载，“陆澄问：‘主一之功，如读书则一心在读书上，接客则一心在接客上，可以为主一乎？’先生曰：‘好色则一心在好色上，好贷则一心在好贷上，可以为主一乎？是所谓逐物，非主一也。主一是专主一个天理。’”。王阳明的意思是：“如果喜欢美色，就一心将功夫用在美色上，如果贪财就一心沉迷于贪财之上，这哪里能叫作专注。这完全叫做追逐物欲，根本就不能称为专注。所谓专注，就是让自己的心完全符合事物的规律。”

有人说，人活在世界上，最难的不是控制别人和命运，而是掌控自己，让自己不被外界干扰，不被情绪、心态等影响而做出不理智，甚至是错误的判断。“假如时光可以倒流，世界上将有一半的人成为伟人。”如果我们每个人有重新活过一次的机会，以成熟的、经历了社会检验的阅历重新选择人生，必然会少走不少弯路。也就是说，如果在不可逆转，且唯一一次的生命历程中，如果你能够尽心尽力地拼搏、付出，并作出尽可能多的最为合理的选择，你的人生就最接近圆满。

人生是一个不断奔跑的过程，会冲刺，更要会减速，会工作，当然也要会休息。但这里的休息，并不是意味着你可以大摇大摆地扩展你的惰性。每天懒惰一点，不能做到日事日清，不能尽可能竭尽全力地完成任务，就无从谈及未来的幸福和成功。殊不知，明天的欣喜来自今天的积累，放掉了今天，就意味着放走了未来。

伟大的成功者跟一般人最大的差别，就在“一定要”与“想要”之间，如果你希望自己的梦想能够成真的话，你就必须有“一定要成功”的决心。要有竭尽全力为了自己的目标而奋斗的勇气，也只有这样，你才不会感觉奋斗的路程是如此的艰辛。

用力做事，可以把事做完。用脑做事，可以把事情做对；用心做事，才可以把事情做好。当我们对自己目前担负的任务给予百分之百的精力，并用力、用心之时，你所取得的突破往往会是惊人的。

人都是有惰性的，当这种情绪升腾起来的时候，它的渲染作用往往会使你一整天、一个星期，或是很长一段时间都处于慵懒的状态，直至某一时刻突然精神，在心底默默告诉自己不能再过这样的生活。于是乎，你开始新一轮的拼搏和努力。这样的体会，想必很多人都熟悉。

在生活中，并不是大多数人命里注定不能成为大人物，而是他们从来没有具备成为大人物的做事方法和决心！对于成功者来说，他们不是想要成功，而是一定要成功。他们不是努力尝试，而是竭尽全力获得最好的结果。当你把帽子扔过了墙，让自己没有退路的时候，你的潜能才可以真正被激发出来，之后你所感受到的毕竟是竭尽全力后的喜悦。

你的人生决定于你所做的决定，取决于你做事的态度。不管你现在的境遇怎样，命运即将从你决定竭尽全力去奋斗的那一刻起开始改变。

战胜苦难，首先要有良好的心态

曾经有人问一个百岁老人长寿的秘诀，老人只说了一个字——熬。的确，对于跨世纪的老人而言，她不但经历了饥饿和战争，也经历了无数次人生的磨难。能够在一百年的时间里始终坚强地活着，并不是一件容易的事情。毕竟，人生顺境少，逆境多，而且人生坎坷的机遇也并非人力所能左右，就像人类在大自然面前无力一样，人在命运面前也同样无计可施。在这种情况下，我们要想成功跨越挫折，唯有“熬”。这个“熬”字看起来也许有些悲观，然而并不绝望。也许有人会说，面对人生的苦难，我们必须奋起反抗。的确，努力斗争是更好的办法，但是有很多时候灾难甚至超出了我们的承受力，让我们当时以为自己迈不过去这道坎，在这种情况下我们当然不能放弃，而是要以绝对的意志力和坚韧不拔的精神，顽强地“熬”过去。可以说，熬也是战胜苦难的一种方式，能够帮助我们超越人生灾难的沟壑，成功实现自我的圆满。

不管以何种方式面对灾难，强者的心态都应该是积极的。面对可以战胜的苦难，强者主动出击，面对无法战胜只能熬着的苦难，强者也能够保持乐观的心态。由此可见，我们想要最终战胜命运，就一定要保持良好的心态。记住，苦难总是暂时的，生命就如同一条奔腾不息的长河，既会把我们卷入旋涡之中，也会把我们带出苦难，迎接更美好的未来。

如果把人生比喻成在茫茫的大海上行舟，那么我们就应该是操控命运的舵手。否则我们一旦随波逐流，奔涌的海水也许会把我们带到不知名的所在，也许会导致我们的人生之舟触礁沉没。即使风再大，浪再高，我们也要牢牢握住命运之舵，永不放手。

有一天，罗伯特来到芝加哥的中西部，向那里苦难的农民发表演讲。然而，尽管他的演讲满怀热情，但是那些农民却不以为然，他们只是说："我们生活在水深火热之中，最需要得到的是希望，这才是真正帮助我们。"听到农民的话，罗伯特不由得想起了自己的人生。

小时候，罗伯特的家是一个小农场。那时候，整个经济情况都不好，罗伯特的父亲在当了很久的雇农之后，才以所有积蓄买下了这个小农场。只有三岁的罗伯特常常忍饥挨饿，为了取暖，他不得不爬进猪圈捡拾那些猪啃剩下的玉米棒子。次年春天，他们又遭遇天灾，严重的旱情使得父亲虽然种下了提前预留的几斗玉米种子，但是最终在经过大半年的辛苦劳作之后，收成也就刚刚和种子相抵，这岂不是颗粒无收么！罗伯特迄今为止仍不能忘记他们的艰难生活，然而这一切都熬过来了。

直到若干年后，他们的生活已然有了好转，他们把家里新建的九栋房屋粉刷一新，幸福已经成为他们的囊中之物。然而，在一个六月里的下午，他们的家受到了龙卷风的肆虐侵袭，最终片瓦无存，父亲眼睁睁地看着自己一生劳碌的成果付诸东流。然而，他们没有放弃希望，而是继续努力，最终罗伯特让父亲在有生之年，看到了他的农场再次充满生机。最终，罗伯特告诉所有在场的农民："苦难终究会过去，强者才是命运的主宰！"这样的经历给了所有在场的农民以激励，让他们原本如同死灰一样的心再次充满希望，他们也给予了罗伯特经久不息的热烈掌声。

罗伯特的故事告诉我们，心若在，梦就在，希望就在。只要我们能够勇敢面对和迎接人生的苦难，就一定能够战胜苦难，最终迎来人生的柳暗花明。和那些遇到一点小小的困难就马上放弃的人相比，心怀希望的强者才是命运真正的主宰。任何时候，都不要在人生之海上随波逐流，至少我们要保证我们能够朝着既定的目标和方向不懈努力。

任何强者，都是坚强、勇敢和执着的，他们从不轻易放弃。哪怕面对人生再多的风雨，他们都能够勇往直前。也许每个人面对的苦难并不相同，但是强者面对苦难所表现出的品质却是相同的。即使我们遭遇的苦难历时更加长久，我们也要坚持不懈，决不放弃。相信，总有一天乌云会散去，我们的人生会充满明媚的阳光。

你应该靠自己的努力，过上想要的生活

很多人的人生都被局限在方寸之间，为此，我们只能踩着脚下的土地，看着头顶的那小小的一片天空，却不知道土地之外还有土地，天空之外还有天空。如此局促的人生，必然导致我们视野狭窄，根本无法打开人生的广阔天地。其实，正如《感恩的心》中所唱的，“天地虽宽，这条路却难走，我看遍这人间坎坷辛苦”。人生之路从来不是一帆风顺的，也没有人的人生能够彻底摆脱苦恼。所以，在漫长而又短暂的人生中，我们必须想方设法让自己过得更好，也让我们身边的人充满希望。唯有如此，我们才能更加从容应对人生，也才能避免因为那些小小的困难就放弃人生的希望。

玉巧和大伟认识五年了。如今，他们都已经老大不小了，玉巧二十八岁，大伟三十五岁。按理说，他们已经到了谈婚论嫁的年纪，但是玉巧的妈妈坚持让大伟给她一百万元的彩礼。对于农村出身的大伟而言，一百万彩礼简直是天文数字，而且他这五年来挣的钱都交给玉巧了。大伟一直寄希望于玉巧，希望玉巧能够说服他未来的丈母娘改变主意，不再借着嫁闺女的机会狠捞一笔。

前段时间，玉巧意外怀孕了，想到自己还没结婚却先大了肚子，她不由得埋怨大伟。不想，大伟也很委屈，说：“我这几年挣的钱都给你了，这就是我的能力。你却不愿意和我结婚，难道你就不能不顾及你妈妈的想法，最终你妈妈也是会原谅你的。”对此，玉巧却说：“我妈

妈辛辛苦苦抚养我长大，而且，你没钱可以找你父母一起想办法，毕竟谁家娶媳妇不花钱呢！”大伟难免苦笑：“那么，你未来是更孝顺我父母还是你自己的父母呢？”“当然要先孝顺我爸妈，毕竟我是他们养大的。”玉巧毫不迟疑地说。大伟也说：“这不就对了，现在已经和以前不一样了，嫁闺女也不是把闺女嫁到婆家。我们两个人是组建小家庭，独立于两个家庭之外，而且凭什么我父母就要砸锅卖铁呢，我也是他们辛苦养大的啊！”就这样，他们不止一次地为这个问题争吵，最终玉巧一时冲动，居然打掉了孩子。这件事情对大伟打击很大，他意识到玉巧宁愿牺牲无辜的孩子，也不愿意妥协，与他结婚，不由得觉得心灰意冷，最终向玉巧提出了分手。

不知道玉巧对于大伟提出的分手请求作何感想，归根结底，她与大伟已经相恋五年，按理说感情也很深了，但是对于他们的爱情，玉巧却一点儿都不想努力。为此，她愿意站在妈妈的角度上，向着大伟家里要钱。否则，宁愿拿掉自己的亲生骨肉，也不愿意结婚。不得不说，大伟只要是个理智的男人，就会知道这段感情是无望的。

做人，一定要有担当，不管是男人还是女人，如果没有担当，尤其是面对生活中的诸多事情时不愿意努力，那么他们就无法撑起人生的重担。所以当今日的爱情陷入如此尴尬的境地，我们不管是作为男孩还是女孩，都不要对此抱怨。我们首先要反观自身，看看自己是否足够坚韧不拔，是否真的不懈努力，才能最大限度发挥自己的潜力，完成人生的梦想，也才能与自己所爱的人携手并肩站在一起，不管遭遇任何事情都决不放弃。朋友们，记住，生活的状态取决于我们面对人生的态度，从现在开始努力吧！

只要内心决不放弃，就会屹立不倒

现代社会生活节奏越来越快，工作压力越来越大，导致很多人都倍感压力，甚至产生了力不从心的感觉。然而，无论我们对于生活的感受如何，生活总要继续下去，哪怕是我们自觉心力交瘁，也无法改变生活的任何方面。在这种情况下，很多年轻人因为无法承受巨大的压力，因而决定放弃对人生的博弈。其实，人生的失败并不在于被打倒，而是在于主动地放弃，这才是真正的失败。正如海明威笔下的桑迪亚哥老人所说的，一个人尽可以被打倒，就是不能被打败。

从心理学的角度来说，只要我们内心决不放弃，就能始终屹立不倒，那么就没有任何人能够打倒或者是打败我们。打个形象的比方，我们每个人都像是一颗独一无二的鸡蛋，即便这个世界上有很多鸡蛋，也绝不会有任何鸡蛋与我们完全一样。因此，我们完全有资格拥有属于自己的独一无二的人生，但是前提是我们必须拥有自己的梦想，成为一颗有梦想的鸡蛋。也许有些朋友会说，人生转瞬即逝，根本没有机会和时间重来，因此他们才会缩头缩脑，不敢轻易尝试。其实，谁的人生没有错误呢？越是那些成功者，他们的人生越是错误百出，但是他们之所以能够最终获得成功，就是因为他们面对各种机会勇往直前，绝不轻易放弃。要知道，当我们放弃与人生的博弈，我们不但完全避免了失败，也彻底失去了成功的机会。从某种意义上来说，放弃与人生的博弈，就是一种失败，而且是一种无法挽回的失败。

能力不足，并不是我们放弃人生的理由。所谓尺有所短，寸有所长，每个人都有自己的特长和缺点。我们唯有清醒理智地认知自己，才能做到取长补短，扬长避短，从而最大限度发挥我们的能力，成就我们的辉煌人生。

大学毕业后，南的很多同学都背起行囊，去了遥远的大城市打拼。只有南，在父母的再三坚持和四处托人找关系下，才考入家乡的公务员系统，成为了一名“旱涝保收”的公务员。每当听到其他同学在大城市打拼的辛苦生活，南也曾经暗自庆幸，至少自己的生活是安稳的，也是无须劳心费力的，而且他觉得自己能力不是很强未必能够适应外面的生活。然而，三年的时间过去了，南的生活没有任何改变，相反他那些曾经风雨漂泊的同学们，如今都有了稳定的工作，也过上了风生水起的生活。他们之中有的是公司里的业务骨干，有的已经成为公司里的中层领导。春节聚会的时候，看到那些从大城市回来的同学全都满口新鲜的词汇，南觉得自己被排斥在外了。再看看那些现在已经买车的同学们，他更觉得自己的人生是失败的。突然之间，他的内心觉醒了，他不愿意自己的人生就这样数十年如一日地过下去，否则人生还有什么意义呢！

思来想去，南决定放弃自己的工作，他要展开翅膀，去天空中翱翔，这样才可能成就自己的人生和精彩的未来。然而，父母对于南的决定极力反对，他们原本还指望着南工作稳定之后结婚，给他们生个大胖孙子呢！但是，南心意已决，他虽然知道未来很不确定。但是至少他很清楚一点，即他不愿意再这么活着。就这样，南离开了自己熟悉的小县城，也离开了父母的翼护。他没有投奔那些已经有所成就的同学，而是去了一个谁也不认识的陌生城市，他下定决心，要让自己重新开始，超越人生。南此刻充满了信心，他坚信只要自己不遗余力，拼尽全力，就一定能以自己的力量博弈人生。

没有人的能力是绝对强大的，很多人的强大都是相对而言，因此朋友们，我们完全没有必要妄自菲薄，因为当我们觉得自身能力不足，其他人也会产生同样的感受。所以，我们无须担忧，而是要对自己充满信心，这样我们才能最大限度发挥自身的能力，挖掘自身的潜力，从而更加积极主动地面对生活，创造人生。

朋友们，我们每个人都是这个世界上独一无二的个体，不管我们的优点和缺点相比，优点更多还是缺点更多，我们都必须相信自己有着独到之处，也要坚定不移地以自己的力量，与最坚硬的东西碰撞。还记得村上春树的那句话吗？假如以卵击石，在坚硬的墙和鸡蛋之间我永远站在鸡蛋那方。的确，趁着我们还年轻，趁着我们还有梦想，也心怀希望，就让我们成为这个世界上最坚硬的鸡蛋，与未来死磕，与人生博弈吧！

第08章

打磨自己，爱拼才会赢

生活中，我们做任何事情都需要一个过程，一点点累积，就足以凝聚成一股巨大的力量。的确，一个人若是想要成就一番事业，那就必须要不断地磨砺自己，除此之外，别无他法。俗话说："吃得苦中苦，方为人上人。"对成功人士来说，任何苦难都不足以让他心灰意冷，相反更加能鼓舞士气，激发起一定要做成大事的欲望。可见，坚持下去，为梦想拼搏，终有一天，我们能够顺利地采摘成功的果实。

身处逆境，更要积极向上

王阳明有言："古人为治，先养得人心和平，然后作乐。"在王阳明看来，一个人若能够容忍他人的侮辱、冒犯，能够坦然接受失败和挫折，这样的人就是有担当的人，他们在逆境之中总能保持积极的心情，能够在紧急的事情面前调整心态，做好事情。

当生活的不幸降临的时候，你该怎么对待呢？有的人感到好像是天塌下来了，什么都完了，他除了抱怨还是抱怨，总是向他人倾诉："我的命怎么这么苦啊？"结果，越想越苦，慢慢地，他也被不幸吞噬了。有的人则不然，他把生活的不幸当作自己的朋友，甚至，当成自己人生的财富，后来，不幸真的成为了他的朋友，当然，"朋友"是不会为难朋友的，他摆脱了不幸的遭遇。前者是拥有消极心态的人，在不幸遭遇面前，他只会生气、抱怨；后者是拥有积极心态的人，他总是将生活的不幸当朋友一样看待。对此，智者这样告诉我们：当生活的不幸来临时，积极的心态是一个人战胜艰难困苦，走向成功的助推器，试着和不幸做朋友吧！

即使在不幸之中也有希望，只要我们能抓住这种希望，并且，把它当作前进的动力，我们就能够在不幸中重新站起来。纵观那些卓有成就的历史人物，他们无一不是从不幸的遭遇中顽强奋斗并作出成就的，在他们身上，有一个显著的特点：以乐观的心态面对不幸，将不幸当成自己的朋友。对于每一个人来说，生活和事业都不可能一帆风顺，都会遇到各种困难和不幸，但是，只要我们将不幸当成朋友，永远怀有事情还有转机的乐观心态，我们就一定能赢得成功。

磨难虽然来得无声无息，但是，它却在悄悄考验我们的情绪反应，如果我们能够乐观面对，顽强抗争，逃离磨难的阴影，那么，我们将重新给心以幸福的方向，自己也将变得更加完美。

为自己树立一个行为的榜样，以此鞭策自己

心有多大，舞台就有多大。你为自己树立多么远大的理想，你的人生之路就能走出多长。理想，决定了人生的高度。为此，人们纷纷树立理想，一个比一个的理想更加高远。然而，需要注意的是，好高骛远的理想因为虚无缥缈，也往往是很难实现的。为了帮助我们完成理想，我们最好为自己树立榜样。当你看着比自己更高的榜样就在以身示范时，你自然会鼓起勇气，督促和鞭策自己勇敢前行。

每个人都需要榜样，因为从榜样身上，你能发掘出很多值得学习的东西。尤其是当你的榜样就在身边时，榜样以身示范的作用更会发扬

光大，时刻督促你勇往直前。举个最简单的例子，当孩子在学校里为自己树立榜样之后，他原本很想玩耍，但是看到榜样正在伏案疾书，用功学习，那么他就会收敛自己的贪玩之心，也开始像榜样那样努力学习。这，就是榜样的力量。

如果说理想是人生的方向，那么榜样则是人生的样板。从榜样身上，我们不但可以学习，也可以预见到未来的自己将会是什么样子的，这可比幻想的激励作用更加切实有效。从这个意义上来说，你选定榜样的时刻，也就决定了你进步的速度。当然，榜样的选定也不能一蹴而就。因为过高的榜样非但无法激励我们的进步，反而会让我们产生挫败的感觉。例如，你作为一个普普通通的人，却以大明星作为榜样，你无论如何努力，都觉得无法触摸到成功的边缘。时间久了，你必然会从失望到绝望，直至最终彻底放弃。反之，如果你的榜样只是目前在学习上领先于你的邻居。你在读大专，他在读本科。那么你只要努力一把，大专毕业之后继续读本科，就能让自己得到满足。也许有人会说，如果把榜样树立得过于平凡，就会影响我们的积极进取之心，不利于长期发展。其实不然。如果你很快就达到了榜样的水平，那么你完全可以继续为自己寻找合适的榜样。榜样的树立不可能一劳永逸，你只有不断地树立榜样，就像大闸蟹在成长周期蜕壳一样，才能不断超越自我，在对实现短期目标的满足和对实现长期目标的不满足之间，实现螺旋式上升。

开学之后，豆丁就是初三的学生了，但是他在学习方面始终没有太大的长进，这让爸爸很苦恼。豆丁从小就失去了妈妈，如今和爸爸相依为命，虽然爸爸努力工作挣钱，提高豆丁的生活水平，但是并不能像妈妈那样无微不至地照顾豆丁，因此他们爷俩的关系很紧张。爸爸看着豆丁即将中考，成绩却不理想，心里很着急。思来想去，爸爸想出了一个好办法。

原来，豆丁从小就和萌萌一起长大，和萌萌就像铁哥们儿一样。爸爸专程到学校找老师，恳请老师在班级里开展学习小组，两两配对，从而把萌萌和豆丁搭配成一组。这样一来，豆丁与萌萌的关系就变得微妙起来，他们不但是玩伴，更是学习上的陪伴，还是互相竞争、你追我赶的关系。果不其然，在第一次月考中，原本成绩排名中上等的萌萌，前进了两个名次。而学习很差的豆丁，反而还倒退了一个名次。看到排名之后，老师特意点名说豆丁和萌萌的学习小组效率很低，需要努力了。

放学之后，萌萌埋怨豆丁："你啊你啊，要不是你拖后腿，咱们怎么可能被批评呢！这下好了，我所有的努力都被你抹杀了。下次，如果你再这样，我就不和你一组了！"听了萌萌的话，豆丁羞愧极了。他满脸通红地说："放心吧，从现在开始，我就把你作为我的榜样，我每次都要提高三名，最后超越你。"从此之后，豆丁果然激发出了浓厚的学习兴趣，甚至连每天晚上必看的科幻节目，都暂停了。经过又一个月的努力，在月考中，豆丁居然上进了六个名次。萌萌呢，也前进了一个名次。看到这样的结果，老师也发自内心地高兴，当着全班同学的面表扬了豆丁，并且号召大家都向豆丁、萌萌学习呢！相信如此良性循环之后，豆丁和萌萌在学习上都会有很大的进步。

在学习上，为自己树立一个榜样，并且以榜样为目标，一定会使学习效果成倍增长。当然，榜样的作用并不限于积极的方面。曾经有心理学家经过研究发现，在自杀高发的季节，很多人都是因为受到那些自杀人的影响，最终也选择了自杀。由此可见，榜样的力量是非常强大的。

有过孩子的人都曾带孩子打过防疫针，尤其是学校里集体打防疫针的时候，原本很多孩子因为害怕想哭，但是一看到前面的小朋友打针没有哭，马上就会佯装坚强，绷起笑脸，拒绝哭泣。

在生活和工作中，我们始终都需要进步。所谓活到老，学到老，追求永无止境，这在现代社会真的是至理名言。那么，在进步的过程中，当我们感到迷惘的时候，当我们感到力不从心的时候，不如为自己选择一个榜样吧。在榜样的以身示范下，相信我们一定能够更快地进步和成长。

奋斗与拼命，你终会成为人生的赢家

“不想当将军的士兵，不是好士兵”，这是拿破仑说过的一句名言，相信大家都非常的熟悉。这句话写出了一个人想要成功的野心，野心也就是雄心，我们要知道世上的成功者都是因为自己有一颗“想要当将军”的野心而最终达成目标的。有野心就要去拼搏，敢于拼搏，不断打磨自己，才能有朝一日展现出自己的光芒。珍珠，原本只是一粒沙子，它的存在不正好验证了这个道理吗？正如歌曲中唱的："三分天注定，七分靠打拼，爱拼才会赢。"古今中外，许多成功者都是经过拼搏而成就其伟业的，从他们的身上，我们看到的是汗水，是奋斗，是拼搏。

1996年，自行车赛选手兰斯·阿姆斯特朗的国际排名达到了世界第五，一直难以突破。当时，兰斯对赛车运动的理解是，"跳上自行车拼命蹬踏板"。而事实上，光靠蛮劲显然无法在自行车的顶级赛事上屡攀高峰。兰斯需要的是在作战策略上逐步成熟起来。这个过程本应在自行车上进行，然而兰斯却是在病床上完成的。

在25岁那一年，医生告诉兰斯，他患了睾丸癌，并且癌变已经扩散到了全身，专家断定，兰斯被治愈的可能性只有3%。就在这个时候，兰斯又遇到了经济上的危机。尽管遇到了出生以来最为艰难的挑战，但兰斯并没有放弃希望，他像个斗士一样勇敢地向困难发起了挑战。

兰斯开始接受化疗。连续的化疗将他折磨得不成人样，剧烈的疼痛和恶心不分昼夜地扑来。兰斯感觉自己就像"在进行环法赛上最艰难的爬坡"。不过有所不同的是，一旦他选择了退出，就意味着放弃了生命。

四个艰难的疗程之后，兰斯的病情奇迹般地好转了。几个月过去，他竟然可以下床了。慢慢地，他可以自己走路了，后来是跑步，甚至还可以做一些低强度的健身……直到有一天，大夫对他说："你可以骑车了！"

癌症治愈后又过了一年，兰斯终于重返赛场。在历时5天的横穿西班牙赛中，他出人意料地获得了第14名。更让车迷们感到惊讶的是，兰斯开始讲究战术，开始有意识地控制发力，他不再争强好胜，并知道在必要的时候表示谦让了。

在接下来的比赛中，兰斯的成绩一直在稳定地上升。他在美国职业冠军赛、环荷兰赛和环西班牙赛中都取得了第四名的好成绩。后来，在环卢森堡赛中，兰斯一举夺魁，震惊了世界车坛。在1999年的环法赛上，兰斯以绝对的优势摘取了桂冠。当兰斯高高举起奖杯时，整个美国沸腾了，这可是美国人第一次取得环法赛的冠军！“他战胜了癌症！”这是当时人们给兰斯最多的评语。

之后，兰斯又书写了新的神话：在接下来的六届环法赛里，他拿下了全部冠军，成为百年环法历史上第一个获得七连冠的人，兰斯成了名副其实的“环法英雄”。时任美国总统的布什曾致电兰斯说：“你真令人敬畏！”

朋友们，人生就是一场搏斗。敢于拼搏的人，才能成为命运的主人，否则你只能被命运牵着鼻子走。车尔尼雪夫斯基曾说过：“历史的道路不是涅瓦大街上的人行道，它完全是在田野中前进的，有时穿过尘埃，有时穿过泥泞，有时横渡沼泽，有时径经丛林。”我们的人生不可能总是风平浪静的，人们总会经历一些狂风暴雨的时刻。所以我们要想稳稳地站住，就应该不断打磨自己，敢于拼搏，永不放弃，永远记住：爱拼才会赢。

将每一件小事做好，你的努力才会得到好的结果

“天下难事，必做于易；天下大事，必做于细。”这句话出自老子《道德经·第六十三章》，意思是说天下的难事都是从容易的时候发展起来的，天下的大事都是从细小的地方一步步形成的。因此，可以看出，想要有所作为就不能小觑了小事的影响力，尽力做好每一件小事才能让自己的努力引起质的变化。

或许有些人觉得芝麻小事都没什么实际意义，也不可能会影响大局，更不会升级到成就一番事业的地步。所以，他们总是好高骛远，极易在前进的路上迷失自己，被一些他们所谓的小事情绊脚。事实上，任何一件事情要想做得完美，其中都以一些小事作为基础，并起着关键作用；而任何一个问题的解决，都有一件决定性的小事起着举足轻重的作用。

陈藩生于东汉时期，从小他就是一个心怀大志的人，总是想着有朝一日成就一番事业。在他看来自己就不是一个普通的平凡人，所以他总是给人留下心高气傲的印象。一天，他的朋友薛勤来访，见他住的屋子又脏又乱，便问他说：“你这小子，平时家里脏些也就罢了，现在你家里来客人了，你怎么也不把屋子打扫干净以显示你的待客之道啊？”陈藩答道：“我是顶天立地的男子汉，我要干的是一番大事业，我是一个心怀天下的人，这种小事我是不会做的。”薛勤当即反问道：“一间屋子你都治理不了，怎么治理天下呢？”陈藩无言以对。

很多人总是自命不凡，感觉自己是天生的战略家，觉得自己是指点

江山的大人物，所以从不把所谓的小事放在眼里。可是他们却不明白能够认真做好每件小事、讲究精益求精的执行者，却是可遇而不可求的。很多伟人的成功总是离不开点滴小事的积累，他们涉猎广泛，从生活中不断学习，才在合适的契机产生质的变化，成就自己的一番伟业。因此，我们应该改掉急功近利、心浮气躁的毛病，认认真真地做好每一件小事。

浩珉和志林是大学同学，他们学习的是计算机专业，在大学毕业之后，两个人都被聘到了同一家公司工作。初次走出校园的两个人感觉一切都充满着激情，决心好好努力，奋力拼搏，闯出自己的一片天地，实现自己的价值。可是事情没有他们想象的那么美好，浩珉和志林都被安排做一些琐碎而单调的工作，每天早上打扫卫生，中午预订盒饭，帮同事复印资料，接收传真等。还没过试用期，志林感到受到了侮辱，不甘心在这里做这些没前途的工作，便辞职不干了。志林想让浩珉和自己一起走，志林说：“我们难道就在这里受他们侮辱吗？我们是大学生，怀着满心的希望与激情来这里大展拳脚，可是他们怎么对我们的，整天把我们当作打杂的人员，实在受不了这个委屈，我要辞职离开了，去一个能让我好好发挥自己的地方。”可是浩珉却不这样认为，在浩珉看来，公司这样安排肯定有其道理，做这些看似琐碎的工作能让他很快和公司的同事熟络起来，为以后的工作做准备。又过了两个月，公司正式安排浩珉去做一些有关计算机方面的工作。

有一次，公司召开全体会议，在会议结束的时候，经理把浩珉叫到办公室跟他谈心，说了一些工作上的事情之后，经理问到："浩珉，为什么当初没有和志林一起离开呢？"浩珉说："从小母亲就告诉我，无论做什么事都不能马马虎虎，不放在心上，否则，什么事情都不可能做好。"

听到浩珉的回答，经理满意地点点头："其实我明白，你们刚刚毕业，心高气傲，可是这正是对你们的一个考验，因为我们觉得一个脚踏实地工作的人必须要懂得做好基本的事情，如果连最基本的事情都做不好，更不可能把大事做好了。恭喜你！通过了公司的考查。"

可是志林呢？一直流连于各大招聘会，因为没有任何一家公司会把重要的任务交给新来的员工，都会有一个考察的过程，很可惜，志林没有通过考察，他总认为自己是做大事情的人，每次工作不到一个月就离职。

如果你连小事都做不好，那还怎么开口说自己是做大事的人？万事的成功都需要良好的基础，就像是盖高楼一般，没有那一砖一石的积累，哪来的一座座高耸入云的摩天大厦？总之，把每一件简单的小事做好是成就大事的基础，要想在工作中取得优异的成绩，就需要沉下心来，用心做好每一件小事，不能抱有敷衍了事、挑三拣四的态度。

责任与借口，你如何选择

洛克菲勒曾说："在我看来，借口是一种思想病，而染有这种严重病症的人，无一例外都是失败者。当然，一般人也有一些轻微症状。但是一个人越是成功，越不会找借口。处处亨通的人，与那些没有什么作为的人之间最大的差异，就在于借口。”是的，遇到麻烦，有的人想到的是怎样找方法解决，而有的人想到的却是怎么去找借口推脱。差距如此之大，所以就存在着成功者和失败者，因为他们处事的态度不同，所以面临的结果也就不同了。

杰克最近听到一个消息，自己马上就要被公司辞退，他一直非常的懊恼，后来这个消息被证实的时候，杰克怒气冲冲地来到经理办公室，想要找经理理论。刚见到经理，杰克就开始喋喋不休地抱怨起来，认为经理从来没有给过自己表现的机会。

经理问他：“杰克，你说我没有给过你表现的机会，那你为什么不去争取呢？机会也需要自己去争取的啊！”

“不，经理，我争取过！”杰克反驳说，“可是经理你知道吗？我不认为，那是表现我才华的机会。”

“哦？”经理来了兴趣，“我不明白你具体什么意思，你能说得详细点吗？我想知道这是什么时候发生的事。”

杰克就开始絮叨，他说：“您还记得吗？前些日子，我被外派，可是您考虑过没有，我年纪也不小了，在这里工作的业绩也不错，公司这样做，是不是浪费人才啊？因此就拒绝前往！”

经理望着杰克，说道：“我想说的是，杰克，难道你从来没有想过那是一种机遇？”

面对经理的回答，杰克的底气还是那么足，他说：“不不不，经理，我并不这么认为。咱们公司的职位有很多很多，为什么非要把我发配到那么远的地方去呢？而且你也知道，我们这里的很多职位我都可以胜任，也一定能做出很好的业绩的啊！而且，大家都知道，我的身体不好，不适合去偏远地方，那样真的是太折磨我了。”

“原来如此！”经理微笑着摇了摇头，“好吧，杰克，既然这样的话，我觉得是没有人能够帮助你的！”

借口实在是太多了，只要你想推辞，难道还怕没有理由吗？杰克不就是一个活生生的例子吗？不管经理怎样回答，他总能找出一大堆的理由搪塞，这样的麻烦员工，哪家公司雇用的起呢？在很多时候，借口就是在这么赤裸裸地诱惑着我们。一个人如果没有了责任感，没有了上进心，那么他总是能为自己的不如意找到借口的，这样的人终究是会被淘汰的。

李成和刘海乐刚刚毕业，他们同时来到一家公司实习。有次，领导分别给他们安排了一项任务，让他们在规定时间内完成。李成思维比较敏捷，但做事喜欢偷懒，接到任务后他觉得这应该是别的有经验的人做的工作，所以自己做的差一些也没关系。于是李成就把领导布置的任务随手一弄，根本没放在心上，之后便置之不理。刘海乐做事踏实、认真，但是做事速度有些慢，赶在最后期限前刚刚完成任务。到了规定时间，李成交了任务，领导看了看，便说：“李成，这工作是你做的吗？简直是太草率了！”李成说：“经理，我今年刚刚毕业，很多事情的处理上出现一些不足是很正常的，您不能把我和有经验的人相比，这样是不公平的。再说，我真的是很努力去完成这项任务了。”领导听后，非常不满，本来李成没能很好地完成任务已经让领导很不高兴了，他的一系列的借口更是让领导反感。然后刘海乐将任务交给领导：“很抱歉，我非常认真的对待这次您安排的任务，不好意思的是我做的有点慢，但我尽力达到了您的要求，感谢您指正。”领导接过刘海乐的任务，看了看，说道：“嗯，海乐，可以看的出你真的很认真地对待这个任务，做得挺好。有创意，观点阐述得很细致，以后要总结经验，把速度赶上来，这样你就会越来越优秀的。”之后，领导便安排刘海乐留了下来，辞退了李成。

李成和刘海乐的故事告诉我们，一个人总是为自己找借口真的是一种非常不负责任的表现，也是一种对他人的不尊重。李成对待工作不想着怎么去努力，只是为自己的懒惰与不负责任找借口，这样是不会被公司接受的。刘海乐同样在执行领导的安排中感到棘手，但是他却不像李成那样找一大堆的理由为自己开脱，而是专心地去寻找解决问题的方法，认真对待，不断完善，这样的人才会得到领导的赏识。

借口仿佛是一个用温情掩饰的陷阱，能消磨人的斗志，或让你遗忘自己的责任所在。而找任何借口都是一种推卸责任的表现。在责任和借口之间，选择责任还是选择借口，都体现了一个人的行事风格和生活态度。

朋友们，如果你们有找借口这样的习惯，一定要记得抓紧改正，否则你在工作及生活中将原地踏步甚至不断后退。出现问题不是积极、主动地加以解决，而是千方百计地寻找借口，那么你的工作就会拖沓，以致没有效率。借口不是你的保护伞，它会害了你的，让你失去前进的动力，变得没有责任心，总是想一些乱七八糟的理由掩饰自己的内心。长此以往，借口成了习惯，人就会疏于努力，不再想方设法争取成功了。

“我能行”是对自己的最佳肯定

二十世纪著名喜剧大师卓别林曾经说过这样一句话：“人必须相信自己，这是成功的秘诀。”不要看轻了这句话的分量，相信自己，我们做到了吗？在很多时候，我们做不到，所以我们错过了成功。有的人喜欢说“我不行”，而有的人则喜欢说“我能行”，只是一字之差，其中给人带来的力量确是千差万别。喜欢说“我不行”的人总是无形间给自己灌输消极思想，本来可以做到的事情，却因为自己的不自信怎么也做不好；喜欢说“我能行”的人，总是无意间能发现惊喜，因为时刻的自我鼓励，让自己变得勇敢而又上进，总是不断激发自己的潜力，攻破一个个难关，学到越来越多的本领。所以说，不要轻易否定自己的能力，为自己的心灵设限。很多时候，阻碍我们进步的主要障碍，不是我们能力的高低，而是我们想法的好坏。

罗斯福年轻时，洒脱俊秀，才华横溢，深受人们爱戴。某日，罗斯福在加勒比海度假，游泳时突然觉得腿部麻木，动弹不得，经他人挽救才避免了一场悲剧的发生。大夫诊断后证明罗斯福得了“腿部麻木症”，大夫对他说：“这可能会严重影响您正常地行走。”罗斯福并未被大夫的话吓倒，反而笑呵呵地对大夫说：“我还要走路，并且我一定能走入白宫。”

首届总统竞选时，罗斯福对助手说：“请安排一个大讲坛，我要让所有的选民看到我这个患麻木症的人可以‘走’上台演讲，而无须什么手杖、轮椅！”当天，他穿着笔挺的西装，眼神充满自信的从后台走上演讲坛。他每次的脚步声都让在场的人深深地意识到他坚强的意志及信念。

后来，罗斯福成为美国政治史上唯一一个蝉联四届的伟大总统。

罗斯福总统那坚定的步伐正是自信的表现，他用自己的每一步向人们传达了自己不服输的精神和内心那份坚定的信念。如果你相信自己能行，并加以行动，那么成功就在不远处等着你。倘若自己都不相信自己，觉得自己不行，那么你已经在后退了，更不用说什么成功了。

每个人的道路都不会一帆风顺，这是挑战也是机遇，更是证实自己实力的一个机会。许多伟人成功的例子不也是如此吗？爱迪生相信自己，在被老师看作差生、在被试验打败之后，依然相信自己一定能行。结果，他真的实现了梦想，发现了钨丝。居里夫人是怎么发现镭元素的？很简单，她用勤奋，加上自信，才成就了一个奇迹。每当失败来临的时候，他们选择的不是放弃，而是坚信自己能做好！这是一种信念，也是一种力量！

第 09 章

越努力越幸运，坚持没有那么难

在我们的生活周边，不少人总是对身边那些做出成就的人抱以羡慕嫉妒的眼光，从而感叹自己命运多舛，运气很差。不过，我们应该重新审视一下自己，真的是因为运气很差吗？运气往往与努力相连，如果足够努力，那好运自然会到来。在这个世界上，没有无缘无故的好运，所有的好运都是努力而来的。做人做事有多大的力气，就会有多成功。我们每个人都要记住一句话：越努力，越幸运。

毅力和恒心，让你有始有终

王阳明有言："我辈致知，只是各随分限所及。今日良知见在如此，只随今日所知扩充到底；明日良知又有开悟，便从明日所知扩充到底。如此方式精一功夫。"在他看来，一件事在开始之后，是否能够有始有终，需要的是毅力和恒心，许多事往往在一开始，凭的是一股子冲劲，后来随着时间的推移，慢慢就觉得厌烦了。

秦朝末年，家境贫寒的陈平爱好道表法里的黄老之术，他担任过魏王咎的太仆，项羽的都尉，刘邦的军中尉。他献计使项羽疏远谋士范增，汉朝建立后，他被封为曲逆侯，历任惠帝、吕后、文帝三朝丞相，他能应付各种情况并能善始善终。一个人做事需善始善终，要做好事情的开头，更要做好事情的结尾。许多人在做一件事情的时候，往往能很好开始却不能持之以恒。这样的人不管怎样努力，最终的结果只是在心中期盼来一个又一个春天，却看不到秋天收获的风景。

一位劳碌了一生的老木匠准备退休，他为这家公司做出了很大的贡献。从开始上班的第一天起，他就在这里工作，从学徒，到师爷，每一步都走得扎扎实实。

这天，他告诉老板，说自己的身体不能承担过重的体力劳动了，要离开建筑行业，回家与妻子儿女享受天伦之乐。老板只得答应，但问他是否可以帮忙再建一座房子，老木匠答应了。在盖房过程中，大家都能看出来，老木匠的心已不在工作上了。他用料也不那么严格，做出的活也全无往日水准。老板并没有说什么，只是在房子建好后，把钥匙交给了老木匠。“这是你的房子，我送给你的礼物。”老木匠愣住了，同样，他的后悔与羞愧大家也都看出来了。他这一生盖了多少好房子，最后却为自己建了这样一幢粗制滥造的房子。

在生活中，幸运有时总会降临到你的头上，而承载这份幸运的则是你善始善终的态度。最后关头一点点的漫不经心，往往让你损失惨重，后悔不已。人生的获得，在于每一次都竭尽全力的努力。不管是在开始，还是在结束，每一小步都走得坚实，走到一个阶段的最后，你所积累的会显得更加深厚。

很多人都明白，人与人之间的才智差别并不是很大，但许多看上去才智不佳的人同样取得了成功。而许多本来才智高超的人却很落泊。原因并不是做事能力差，而是因为成功者能够认认真真地把事情做到最后，而失败者却总是见异思迁，什么事都只能做一点点或做到一半，便放弃了，在他的人生里留下了许多的“半截子”工程。实践证明，如果每个人都能够一心一意地做事并坚持到最后，许多事情都会有好的结果。

英国首相丘吉尔为反法西斯的斗争做出了杰出的贡献，后来成了民族英雄、伟大的政治家、演讲家。他的名字和他的功绩一起被载入了英国发展的史册，然而，丘吉尔曾经是个蹩脚的演说家。

有一次，他应邀要参加演讲会，在会前反复背诵讲稿，对着镜子反复进行演讲练习，恐怕到时候出丑被人耻笑。

然而，他一进入演讲会场就紧张得心跳加速，满脸冒汗，大腿也不听使唤地颤抖。他走上讲台做了次深呼吸，然后给台下人鞠了个躬，开始演讲。可是因为太紧张，没讲几句话，脑子里就出现了一片空白，本来背得滚瓜烂熟的讲稿却一句也想不起来了，他急得涨红了脸，只好尴尬地离开讲台，不得不放弃了演讲机会。

丘吉尔为自己第一次演讲失败而感到羞愧，回到家里觉得无地自容，他认为这是他的奇耻大辱。他永远也不能忘记这次演讲不仅没有得到台下听众的热烈掌声，而且还得到了一双双羞辱的目光。他不相信自己是天生的笨蛋，他相信只要克服了演讲时的紧张恐惧心理，就一定会成为杰出的演说家。他把那次演讲出丑的事，当成他学习演讲的动力。他自己寻找机会大胆地面对观众，大声地说自己想说的观点，他不再刻意提前拟稿和背稿，而是尽兴发挥演讲，结果他的演讲效果一次比一次好。

1940年，丘吉尔当选为英国首相，他的脱稿就职讲话精彩纷呈，不仅观点鲜明，神态自然，铿锵有力，而且说出了人们想说而没能说出的话，句句都打动了人们的心坎，博得了一阵又一阵的掌声。在反法西斯战斗中，他精辟的演讲振奋了英国军民的士气，成为鼓舞士兵一次又一次打败强敌的动力。

丘吉尔为改变自己的善始善终精神令我们感动。在许多人看来，如果经历了那样丢尽脸面的演讲场合，就会永远地避开类似的场合，不再进行演讲活动。然而，丘吉尔却没能被这样的失败所击倒，而是把挫败当成了追求成功的动力，找到自己挫败的原因后，进行不懈努力，善始善终地磨练自己的演讲能力，正是丘吉尔高于常人的关键所在。

对于学生或刚刚步入社会的青年来说，开始做事时，他们的热情高涨，但这股热情很快就会被接踵而来的困难消磨殆尽，或者做事情的三分热乎劲儿一退，就马上改变了主意，这山望着那山高，于是又放弃原来的计划而开始了新的行动，他们就是这样无休止地做着这样有头无尾的事情，以至于留下了无数的“烂摊子”工程。他们不能获取成功，因为他们不能把自己的行动和愿望贯彻到底。聪明的猎人不仅跟踪猎物，重要的是他们会最终抓获猎物。

做到善始又善终，必须有执著追求、热度如一的精神。老舍先生毕其一生的精力，耐住了寂寞和枯燥研究文学，用自己的执着追求实现了善始善终的精神。鲁迅、巴金等成功的大师们无一不是善始善终的模范。一个人如果在为人和做事上都做到了善始善终，就意味着他必然是生活的强者，也必然能够收获到平静而幸福的人生。

一个人如果做人和做事上不具备善始善终的素质，就意味着他是生活的弱者，无论他曾经有过怎样的风光和辉煌，他的人生也将充满悲伤与苦难。

一切的成功都是执着带来的惊喜

成功需要很多素质，执着也是成功必备的素质之一。很多时候，成功就在转角处，人们往往经历了无数次失败后颓然放弃，也因此与成功失之交臂。倘若爱迪生发明电灯时没有坚持到最后一刻，在成功之前的那次失败就放弃了，那么他一千多次的实验就会前功尽弃，整个世界也会因此要延迟一段时间才能迎来光明。幸好他没有放弃，而是执着于自己的梦想，始终毫不气馁地面对失败，把失败作为成功的阶段，不断地实验、进取，最终获得了成功。假如屠呦呦在研究治疗疟疾特效药的过程中遇到困难就退缩不前，那么她也无法成功提炼出青蒿素，更不可能因此获得诺贝尔奖。她在前进的道路上从未退缩，哪怕她和团队成员为了科学实验而身患疾病，也依然从未放弃。正是这样的执着，才让她最终成功攻克了世界性难题，为全世界几百万身患疟疾的人群带来了福音和希望。由此不难看出，一切的成功都来源于执着，对梦想的执着，对理想的执着，对成功的执着。

人生不如意十之八九，每个人的人生之路都不可能是一帆风顺的。唯有坚持前行，跨越层层阻碍和艰难，我们才能翻越人生的高山，达到人生的巅峰。当然，执着要想获得好的结果，首先应该确立正确的人生方向。相信很多人都听过南辕北辙的故事，倘若方向错误了，即便再怎么努力，也只会导致结果事与愿违。因而，我们首先要保证正确的人生方向，接下来才能在梦想的道路上不断前行，直到成功。

惠特曼从小就喜欢阅读诗集，表现出了对文学的执着热爱。长大之后，他开始执着于文学创作，笔不辍耕地写诗。然而，当他的第一本诗集变成铅字之后，却根本无人问津。为此，他不得不把自己的诗集一本一本地送出去。那个时候，美国大名鼎鼎的诗人们根本不把他的诗集看在眼里，甚至有的大诗人还把惠特曼送来的诗集扔进火炉里当柴火。他们都认为，惠特曼作为一个木匠的儿子，怎么可能写出高雅脱俗的诗作呢！

惠特曼觉得沮丧极了，他承受着每个人的否定和挖苦讽刺，心简直冰到了极点。正当他感到绝望的时候，声名显赫的英国作家艾默生给他写了一封回信，信中不但对他的作品赞不绝口，而且还毫不吝啬地鼓励惠特曼："我认为你的作品代表了美国有史以来最杰出的聪明才智的精华。"这句赞赏的话让心已濒死的惠特曼感受到了希望，也重振了信心。从此之后，他对于诗歌创作投入了更大的热情，最终成为了举世闻名的大诗人，作为全世界文学爱好者的精神食粮。他的诗作至今仍然不断传承。当年，他的那部诗集就是《草叶集》。

如果没有艾默生的鼓励，如果没有惠特曼的执着，也许世界文坛就会少了一位伟大的诗人，《草叶集》也就不会作为人类精神文明的食粮传承下来。我们每个人生活在这个世界上，都难免要遭受坎坷和挫折，也时常会遭受他人的否定和非议。在这种情况下，唯有自信和坚强的心，才能让我们始终保持积极向上的能量和动力，并且执着于人生的梦想和理想，让心中充满希望和光明。

毋庸置疑，一个不够执着的人往往很难获得成功，他们总是因为各种各样的困难退缩，或者半途而废。只有执着于梦想，也能够排除万难不断向前，我们的人生才是更加坚定的。执着就像一把刀，最终把人生雕刻成我们希望的样子，帮助我们顺利达到成功的彼岸。

极具耐力和毅力的人，才能成就人生的辉煌

人生就像是一场奔跑，前文说过，我们应该一鼓作气，才能以最佳状态跑完全程。其实，要想完成全程还有一个诀窍，这也是很多马拉松选手都熟知的，那就是：要想跑完马拉松，最重要的不是在刚开始时就进行百米冲刺，把所有选手都远远甩在身后，而是保持体力，保持一定节奏，这样才能以最佳状态跑完全程。

很多人都知道跑马拉松和百米赛跑是不一样的，百米赛跑拼的是爆发力，需要人们在第一时间就爆发出所有的力量，也要求人们从起跑开始就把所有选手都甩在身后，这样才能在短暂的时间里遥遥领先。马拉松比赛则完全不同，在比赛开始就使出浑身力气想要遥遥领先的选手，往往都是缺乏经验的新手，真正熟悉马拉松比赛的选手不会在发令枪响之后就如同离弦的箭一样奔跑，而是会保持体力，保持匀称的速度，尽管开始时有些落后，但是超越也并不急在一时。

很多人都知道骆驼是沙漠之舟，在沙漠残酷的环境中，即便是骏马也无法保持良好的体力，但是慢吞吞的骆驼却能够顺利走出沙漠。尽管

和骏马相比，骆驼走得太慢了，但是骏马很快就会在沙漠中精疲力竭，骆驼却能始终保持匀速前进，最终到达目的地。由此，在沙漠中，骏马也不得不对骆驼甘拜下风。人生也是如此。人生不是百米冲刺，而是马拉松，跑得最快的未必能够跑完全程，只有极具耐力和毅力的人，才能到达终点，成就人生的辉煌。

细心的人会发现，成功者尽管各有所长，而且成功的经历也不完全相同，但是他们都有一个共同点，那就是不达目的誓不罢休。不管他们在成功的过程中遭遇多少坎坷挫折，他们始终都能不忘初心，坚持不懈。他们的顽强和坚韧，让每一个人对他们都敬佩不已。而那些失败者之所以失败，并非完全因为能力不足，或者运气不好，而是因为他们缺乏坚持不懈的顽强毅力，在失败面前也没有耐性。

如今，全世界的孩子都知道史努比，也都很喜欢史努比，为此，很多人都知道了关于史努比之父——查尔斯·舒尔茨的人生经历。作为美国著名的漫画作家，舒尔茨曾经是个智力低下的孩子。

在小学和中学的学习中，他的各科成绩都很差，不仅英语和数学不及格，物理更是考了让人尴尬的零分。后来，他好不容易才进入学校的高尔夫球队，但是球队也输掉了重要的比赛，他不由得觉得万分沮丧。在人际交往方面，他也很薄弱。因为他身上没有任何闪光点，所以几乎所有同学都对他采取视而不见、视若无睹的态度。即便偶尔与他迎面碰上，也很少有同学会与他打招呼。即便如此，他也没有自暴自弃，他觉得自己在绘画方面具有天赋。

读中学期间，他把自己辛辛苦苦创作的漫画提供给年鉴使用，但是被拒绝了，然而他依然坚信自己在绘画方面有特长，因而在离开学校之后，他带着绘画作品来到迪斯尼工作室，尽管得到了工作的机会，但是最终还是以被辞退告终。对于他而言，这一系列的挫折和打击无疑很残酷，但是他没有放弃，依然决定用漫画的形式表现自己的人生。他画出了自己的失败，也画出了自己的一无所成，最终他漫画中的小狗史努比终于从他的绘画作品中走出来，在每一个热爱漫画的人心中生根。他，成为了风靡全球的史努比永远的父亲。

尽管舒尔茨在刚开始时表现低能，学习成绩也很差，但是他非常相信自己的绘画才能。尽管绘画才能也屡次遭到否定，但是他从未失去信心，而是坚持不懈，依然竭尽全力创作漫画作品。最终，史努比从他的画笔下走出来，成为风靡全球的漫画形象，他也因此成为史努比之父，为全世界的漫画爱好者所熟知。他成功了，他最终实现了自己的梦想，也成就了自己的辉煌人生。

相信生活中有很多人都和舒尔茨一样，在人生刚刚开始起跑的时候并不能遥遥领先，甚至还远远地落后于人。然而只要保持一颗坚定执着心人，坚定不移地朝着梦想的方向继续努力，我们最终就一定能够战胜自身的局限，创造人生的辉煌。舒尔茨用五十年的时间坚持梦想，跑完了人生的马拉松，你呢？如果不够坚持，就不要抱怨命运，毕竟一分耕耘一分收获，一份付出一份回报，我们只有做到极致，才能跑完人生的马拉松。

何不再努力一次，也许就能成功

很多时候，我们为了做一件事情，进行了1009次的努力，然后我们再也没有信心继续努力，因此选择了放弃。如果肯德基爷爷和我们一样只坚持了1009次，那么他就不会成功。因为，他恰恰是在第1010次才获得成功的。很多成功，都在我们无法继续坚持下去的下一刻，也许只需要我们再努力一次，就能够获得期待已久的成功。

你满怀激情，怀抱梦想，那么，你准备什么时候开始实现梦想呢？你也许会说自己还没有准备好，还在等待时机的到来，殊不知，等待是最消磨意志力的事情。你必须当机立断，马上开始行动起来，才能让梦想保持新鲜的活力，才能让自己始终拥有实现梦想的勇气。对于年轻人来说，最可怕的事情莫过于热血澎湃地计划未来，却在等待中把自己的信心和激情消耗殆尽，最终不了了之，陷入绝对的失败境地。所谓绝对的失败，就是没有开始的失败。这种失败从精神上打垮年轻人，让他们斗志全无。

很多成功的人都知道：拖延就是死亡。成功总是在我们行进的过程中，躲在拐角处偷偷注视着我们。而拖延，使我们根本没有机会来到成功等待我们的地方。任何事情，一旦想好了就必须马上行动起来。很多人的习惯都是拖延，这也是他们无法获得成功的根本原因。拖延，是对成功最决绝的拒绝。在等待中，很多人碌碌庸庸，蹉跎了一生。成功禁不起等待，只有用奔跑的速度，才能让我们在拐角处邂逅它的身影。

在追求成功的道路上，我们不但需要速度，也需要学会改变思路。在哥伦布之前，很多人尝试了无数次，都没有把鸡蛋成功地立起来。只有哥伦布，只是轻轻地把鸡蛋的壳磕碎，使其拥有平整的底部，就轻而易举地把鸡蛋立起来了。这就是拐角处的成功。虽然只是小小的成功，却告诉我们一个深刻的道理：人生并非只有直路，有的时候也需要拐弯。

那一年，喜爱音乐的罗伯特信心满满地去一家演艺公司应聘乐队主唱。从很小的时候，他就开始学习声乐，再加上他的音质非常特别，这使他相信自己有足够的能力担任主唱。按照招聘要求，他非常认真地为自己选择了一首歌，作为面试曲目。虽然他信心十足，但是这毕竟将成为他的第一份工作，他要借此养活自己，所以他的态度认真而又慎重。

面试那天，和其他应聘者相比，罗伯特的表现非常好。尽管他心里知道，他的演唱并不完美。显而易见，在比较之下，考官也准备录用他。遗憾的是，这次面试只是一种形式，其实，导演组早就内定了主唱。所以其他人，都是作为绿叶来衬托红花的。得知真相后，罗伯特认为自己遭受了不公正的待遇，非常气愤。他愤愤不平地找到导演组评理，要求对方说清楚为什么不录用他。导演组负责人不以为然地说："年轻人，你凭什么让我给你理由，我可没心情搭理你。你要是真有本事，就去大都会歌剧院演唱吧！"

在纽约，大都会歌剧院是举世闻名的歌剧院。要知道，进入大都会歌剧院演唱，对于学习音乐的人来说，是毕生的梦想。毫无疑问，导演组的负责人在挖苦罗伯特，他显然知道罗伯特根本不具备去大都会歌剧院演唱的资格和能力。第一次找工作就被如此冷嘲热讽，罗伯特万分绝望，甚至想要放弃。然而，他很快就恢复了理智，决定提升自己，进入大都会歌剧院演唱。从此之后，罗伯特进行了坚苦卓绝的训练，迅速地提升了自己。一年多之后，他果然顺利签约大都会歌剧院，实现了自己的梦想。后来，他更是不懈努力，以大都会歌剧院为起点，应邀去很多欧美国家演出，成为了举世闻名的男中音歌唱家。他很感谢自己当初被拒绝，因为正是那次拒绝，才让他展开翅膀在乐坛翱翔。

当上帝为你关上一扇门，一定会再为你打开一扇窗。事例中的罗伯特第一次找工作就遭受冷嘲热讽，如果他就此沉沦，那么就要放弃自己心爱的歌唱事业，一切重头再来。幸运的是，他没有放弃，而是奋起反击，证明自己。正是这样的精神，使得他一鼓作气，在经过坚苦卓绝的训练之后，成功签约大都会歌剧院。从此，他的人生完全不同了。

人生就是如此，并非永远是顺境。年轻人，当遭遇人生的逆境时，千万不要因此而沉沦绝望，而要努力地鼓起勇气，再接再厉。很多时候，事情的转机就出现在最糟糕的情况下，当然，前提是你不放弃，不气馁。成功就在拐角处，你做好准备迎接它了吗?

将梦想坚持下去，该有多好

在通往成功的路上，有几个人是没有坚持就轻而易举获得成功的呢？几乎没有。著名画家达芬奇，刚开始的时候连鸡蛋都画不好，正是因为坚持，才成为举世闻名的大画家。爱迪生发明电灯，仅是灯丝的材料，就试验了1600多种，且不说每种材料都要经过数次实验，最终才成功地为全人类带来光明。如果没有爱迪生的坚持，也许人们还要在黑暗中摸索更长的时间呢！在《圣经》中，也曾记载了关于坚持的故事。耶稣告诉世人，如果你深更半夜去朋友那里寻求帮助，朋友早已熟睡，因而一定会告诉你他不能起来帮助你，因为他的孩子正依偎在他的怀里，享受睡眠。你必须知道，虽然他没有像一个称职的好朋友那样当即起来帮助你，但是你必须依然坚持不懈地继续敲门，因为只有你的坚持，才能让他最终放弃睡眠，起床为你开门，并且给予你所需要的帮助。

即便是对于朋友，也未必随时都能有求必应。因而，不管是向朋友寻求帮助，还是在面对生活中的各种困难和坎坷时，我们都应该努力坚持。即使遭到挫折或者拒绝，也不要马上放弃。古人云，精诚所至，金石为开，说的正是坚持不懈的道理。

很久以前，三个朋友结伴而行，准备去爬泰山。他们都背着行囊，在预定的时间赶到泰山脚下集合。为了避免互相拖累，他们决定分开行动。然而，这三个朋友的脾气秉性是完全不同的，所以他们最终爬山的结果也完全不同。

A不管做什么事情都喜欢瞻前顾后，而且很想在第一时间内知道自己的收获和成功。因而，在爬山的过程中，他每往上爬一段路程，就会扭头看看自己走过的路。当他爬到三分之一处时，回头看看山下的秀美景色，因而心旷神怡，颇为自负地安慰自己："我真厉害啊，居然爬得这么高了！"然而，当他沾沾自喜地又朝山上看去时，却发现山顶遥不可及。一瞬间，他觉得万分沮丧：我付出了这么多，却没有成功。思来想去，他觉得自己爬山的活动根本没有意义，而且不管怎么努力，也还是在距离山顶万分遥远的山脚下。最终，他决定放弃，当即掉头朝山下走去。就这样，他半途而废了。

B非常热情，不管做什么事情都很积极。他头也不回地朝着山顶攀爬，一鼓作气地爬到了半山腰。当他坐下来休息时，看着山下的风景让人心旷神怡，因而暗暗骄傲起来：哈哈，我真是太伟大了，居然这么轻松地就来到了山顶。当然，我也很辛苦，汗水把衣服都湿透了呢！泰山这么高，大家都是坐着索道上下，我却一鼓作气地爬到了半山腰，也算小有成就了。剩下的路，对于我这样不怕吃苦的强者，哪怕是有人背我上去，也是应该的。就这样，他一直坐在那里等着有人背他上山，很快天就黑了，他不得不沮丧地朝着山下走去。

C是一个做事情脚踏实地的人，看起来人也普普通通，没有任何出奇之处。他从未觉得爬山是件容易的事情，也做好了自己要坚持不懈的心理准备。虽然起初他有一些畏难心理，但是一想到别人能爬上去，他也应该能爬上去，因而就又埋头开始往上攀登。在他心里，他既不觉得自己有多么伟大，也不觉得自己多么卑微。他只想像很多人做到的那样，也凭借自己的实力成功登顶，享受一览众山小的畅意。就这样，他不声不吭地往上爬着，距离山顶越来越远，最终，成功登上了顶峰，看到了开阔的天地。

从这个事例中不难看出，A是个容易骄傲的人，因而有了小小的成绩马上就会因为骄傲而退步。B呢，是个容易满足的人。他一鼓作气爬到半山腰，却不清楚自己距离山顶还很遥远，根本不是庆功的时候，最终坐在原地等到天黑，也没有人来背他上山。C，从表面上来看就是个普通人。正因为普通，所以他既不自以为大，也不妄自菲薄，而是坚信既然别人能做到，他也应该能做到。就这样，他怀着平和的心态，坚持不懈，最终成功登顶，廉·丹佛在《向你挑战》中告诉读者，尽管爬山并不像想象中那么容易，却也不如我们所惧怕的那样艰难。只要你一步又一步坚持不懈地往上攀登，终有一天，你一定能够到达山顶。爬山如此，人生何尝不是如此呢？不管是面对生活中的重重困难，还是面对工作中的艰难阻碍，只要你能够坚持不懈地勇往直前，最终一定能够百折不挠，获得梦寐以求的成功。与此恰恰相反，假如你一遇到阻力或者困难就轻易放弃，那么你将会永远与成功绝缘。无数成功人士的经验告诉我们，任何成功，都离不开对目标的“坚持”。

生活中，很多人面对命运的坎坷和挫折，面对自己的失意和落魄，总是抱怨命运的不公。实际上，命运恰恰因为公平，所以才把机会给那些勇敢、坚强的人们。在这个世界上，根本没有真正的天才。当每个生命呱呱坠地的时候，上帝是没有偏心任何人的。后来的成就有多大，关键取决于我们的坚持。当你坚持了，你就距离成功越来越近。

持之以恒，越接近成功就越要认真对待

牛顿说过：“胜利者往往是从坚持最后5分钟的时间中得来的成功。”世间最容易的事常常也是最难做的事，最难的事也是最容易做的事。很多没有成功的人最怕的就是那种不成功之前痛苦的折磨，最终半途而废。都说“黎明前是最黑暗的”，其实在成功之前也是最寂寞的。只要你耐得住成功之前的寂寞，静静地品味此时的滋味，才能跨越成功所必须经历的障碍。

上课铃响了，刘老师走进了五年级二班的教室，这节课的讲课内容是关于如何获得成功的。他告诉学生，要想获得成功，很重要的一点就是愿意为目标一而再、再而三地不断努力。

“重复真的是一件令人烦恼的事情！”李林说道。

“是呀，如果老是受挫，我会很灰心。”张涵说。

“同学们，”刘老师回答，“半途而废终究一事无成，而且你将会失去很多锻炼自己的机会。还记得发明电灯泡的爱迪生吗？据说他尝试了1000多次才获得最后的成功。你们试想一下，如果他在尝试了50次、500次甚至800次之后，因为厌烦或灰心而放弃了，世界会变成什么样？”

“看来我应该在体育课上继续练习投篮。”李林说。

“没错。”张涵说，“我也要继续努力，把字写得漂亮一点。”“说得很好！”刘老师说，“如果一开始你失败了，那就继续努力，再接再厉。灰心丧气，放弃认输，就意味着你肯定无法实现目标，但继续努力则表示你又多了一次成功的机会。当你最后成功的时候——哪怕之前你失败了1000次——你也会对自己充满信心，这不止是因为你获得了成功，还因为你拥有一种锲而不舍、永不放弃的精神。”

成功，说起来容易做起来难，因为成功之前需要经历一定的磨难和失败，许多人之所以做事情以失败告终，主要原因就是在成功之前因承受不住磨难而倒下，既然倒下“认命”，那么何谈成功呢？就像刘老师说的“要想获得成功，很重要的一点就是愿意为目标一而再、再而三地不断努力”，你必须承受住成功之前的寂寞和痛苦，否则你也担负不起成功时的荣耀。

朋友们，我们在前行的道路上会经历很多的事情，但是我们应该明白如果半路放弃，那么前面所做的一切将会是前功尽弃，所以说不论何时都不要被挫折打败，要做一个经得起打磨的人。正所谓“行百里者半九十”，越接近终点就越难走好。这就告诫我们，做事情要持之以恒，善始善终，越接近成功就越要认真对待。

第 10 章

去爱去疯去闯荡，去梦去追去无悔

有人说，我们的一生就是一场冒险，走得最远的人是那些愿意去做、愿意去冒险的人，那些成功者是那些追梦人，是那些爱闯荡、爱疯的人。的确，年轻就是资本，失败了大不了重新来过。我们每一个人都要相信自己能成功，要鼓起勇气，尝试第一步，这才是真正的勇者。其实，人生最大的危险不是冒险，而是一生只求平安无所作为。当然，你还要做到思路突破，不断挑战自我。只要你足够勇敢，又拥有智慧，就没有什么事情是做不到的。

点燃你所有的热情，就有可能彻底改变人生

作为微软公司的创始人，比尔·盖茨不但缔造了微软公司的帝国神话，而且积聚了大量的财富，是当之无愧的全球首富。比尔·盖茨为什么能够获得如此巨大的成功呢？这当然与他的才华密不可分，但是也与他做事的方式有着很密切的关系。

比尔·盖茨曾经说过，我每天清晨醒来都觉得自己获得了新生，都感到非常激动和亢奋，因为我知道我的工作必然给整个人类的生活都带来翻天覆地的变化。从他的这句话我们不难看出，他对于工作始终充满热情，无比积极，也许这正是他成功的秘诀所在。他是一个对于工作充满了激情的人，同样他也要求所有的员工都必须满怀热情地投入工作，唯有如此，才是一名合格的员工。无数的事实也证明，一个人在工作中的表现与他自身的能力、知识水平只有一定程度的关系，其实直接决定人们工作表现的是这个人对于工作是否投入了百分之百的热情。换言之，即使一个人从事简单而又平凡的工作，当他不遗余力地投入工作中时，他一定能够创造出伟大的不平凡。这就是热情的神奇力量，也是热情的魔力。所以朋友们，不管你们现在从事的工作是平凡还是伟大，你

必须坚信只要你对工作充满热情，持之以恒地付出，你就终将能够在工作中出彩，也能彻底改变自己的人生。

作为一名年仅24岁的年轻军官，卡特对于自己的工作始终漫不经心。有一天，海曼·李特弗将军召见卡特，卡特应召而去。见面之后，海曼·李特弗将军丝毫没有表现出强势的样子，而是让卡特选择自己喜欢和感兴趣的话题。卡特侃侃而谈，非常放松，直到他觉得沾沾自喜，也自以为在将军面前表现良好，将军才开始主动提问，却不想卡特对于将军看似漫不经心提出的问题根本无法作答，尴尬之余他不由得浑身直冒冷汗。此时此刻，他才意识到自己是多么自高自大，实际上却只是自以为是的狂妄者而已。

谈话很快进行到尾声，即将结束谈话之前，将军问卡特：“你觉得自己在海军学校的学习情况如何？学习成绩呢？”卡特马上信心十足地回答：“我所在的海军学校的班级有820名学员，我排名59。”将军的眉头微微皱起，问：“你觉得自己是否已经尽了全力？”卡特略微迟疑，马上毫不掩饰地回答：“我从不尽全力，学习上也是这样。”将军当即瞪起眼睛，质问卡特：“你为什么不能竭尽全力呢？”卡特不由得深受震撼，陷入沉思：是啊，我为什么不能竭尽全力呢？我不是应该在对待每件事情时都竭尽全力的吗？后来，正是这句话激励着卡特在人生的路上不断进取，不管做什么事情都竭尽全力，力争完美。正因为如此，卡特最终才能成为美国总统，青史留名。

在这个事例中，二十四岁的卡特还没有养成凡事都竭尽全力的习惯，也因此他的表现始终不能让人感到满意。实际上，每个人的天赋都相差无几，之所以有的人成功，有的人失败，就是因为他们面对人生的态度不同。倘若不是海曼·李特弗对卡特的当头棒喝，也许他还会因不竭尽全力而浪费宝贵的人生，即便最终有所顿悟，也必然浪费时间。正是海曼·李特弗将军的提醒和点拨，才使得卡特变得与众不同。

不管做什么事情，如果缺乏全力投入的热情，就无法取得极致的成果。热情就像是人生的一把火，能够帮助我们点燃人生的烈焰，也使得人生变得更加璀璨绚烂。朋友们，假如你们的前半生也和卡特一样从未竭尽全力，不妨从现在开始竭尽全力地面对人生的每一天和每一件事情吧，相信你一定会有喜出望外的收获！

选对天地，一展拳脚

前几年，诸如北上广深等一线城市，开始涌起返乡潮。很多白领，在大城市打拼多年之后，审视自己的生活，放弃自己曾经宏伟的梦想，回到了家乡的省会城市或者三线城市生活。其实，白领在一线城市就一定幸福吗？答案并非如此。很多白领在大城市拿的工资并不高，但是却要承受高昂的物价、交通成本、生活成本。很多白领穷其一生所得，也未必能够买到属于自己的房子。因此，他们在一线城市的人生注定是漂泊的。不同的是，在积累一段时间的积蓄之后，回到家乡的他们，也许可以全款或者贷款买到自己的房子，再找一份相对稳定的工作，过上安稳的生活。相关数据表明，在大城市巨大的工作和生活压力下，很多白领的身体都处于亚健康状态，生活也处于社会中下层。渐渐对灯红酒绿的大城市生活感到厌倦后，回归心灵和身体的栖息地，也许会得到不一样的人生体验。

当然，现代社会，人们的思想观念越来越开放，也不再盲目认为月是故乡明了。虽然家乡山好水好人好，也还是有很多在大城市生活习惯的人回到家乡之后，发现自己已经不再适应家乡的节奏。在回乡潮兴起一段时间之后，又有一部分回乡大军重新返回一线城市，回到之前厌弃的生活。也许，不管什么时候，都是有比较才有选择。始终留在大城市的白领，想起家乡就会感受到来自心底的惬意，然而真正回到家乡，他们之中的一部分人又开始想念大城市的熙熙攘攘，川流不息。最终，每个人都要找到一种最适合自己的生存和生活方式。我们不能说哪种方式好或者不好，因为这与好不好毫无关系，而只在于你的选择。也有很多大富豪，在享尽人间繁华热闹之后，心甘情愿地捐献出所有的财产，归隐山林，与世无争。与此同时，又有多少人像蚂蚁一样忙碌，只为了挣钱，买更大的房子，买更好的车子，穿更好的衣服，吃更多的美食。说到底，人活着就是一种感受。

不管在哪里生活，主要是看自己的人生规划。生活在大城市的底层，和生活在二三线城市的中上层想比，哪个更幸福，主要取决于个人感受了。而且，即使从工作的角度来说，虽然普遍意义上大城市的工作机会更多、机遇更多，但是，未必每一个在大城市生活的人都能获得成功。相反，虽然二三线城市生活的圈子相对较小，但是只要能够有好的创意，市场也是很大的。所以，在哪里生活，幸福与否，主要取决于我们自身的努力。

打破心中的囚笼，敢为天下先

如今的那些螃蟹粉们，一定非常感谢第一个吃螃蟹的人，因为正是因为有了第一个吃螃蟹的人敢为天下先的精神，如今人们的餐桌上才多了一道珍馐美味。不仅仅对于吃我们要怀着积极探索和尝试的精神，在思想上，我们更要打开思路，放眼未来，千万不要让自己的人生遭遇禁锢。

遗憾的是，几千年来，统治者们为了控制人们的思想而特意设置的囚笼，都让人们的思想彻底失去了飞翔的翅膀，只能在囚牢中苟延残喘。而且，为了加深对人的控制，在氏族和封建社会，人们更被告诫，一旦触犯禁忌，就会导致整个部落的人都遭受厄运，因而更加深度地控制人们的思想和言行，从而使每个人都胆战心惊地活着，丝毫不敢逾越统治阶级制定的规矩。就这样世代传承，人们的思想受到越来越深的禁锢，已经习惯了被统治、被压迫的人们，再也无法打破心中的囚牢，敢为天下之先。

即便随着新社会的到来，人们依然难以摆脱中规中矩的思想。尤其是传统的教育观念，使得学校如同工厂加工精密零件一样培养出来的人才，全都整齐划一，尽管便于统一调配和管理，但是却因为缺乏思维的创新性和行动的果决性，最终变得墨守成规，因循守旧，也因此无法推动人生不断向前发展，更无法促进社会的进步。

从人的本性来说，对未知感到恐惧是一种本能的反应，也因而他们总是害怕未知，也不愿意尝试和冒险。殊不知，人类的历史进程之所以不断推进，就是因为总有一些先驱者能够不断挑战，他们敢于突破自我，也敢于作为人类的先驱和表率，更无所畏惧失败，因而才能最终博得人生的不断创新。倘若每个人都明哲保身，不愿意冒险尝试，那么整个人类的发展进程都会滞缓。尤其是在人们的退缩中，虽然避免了失败，但是也同时失去了成功的机会，由此导致人生止步不前。让人感到欣慰的是，不管人群里有多少胆小怯懦的人，还有很多人依然冒险前进，甚至不惜牺牲自我，也要勇于尝试，勇敢创新。诸如提出地心说的哥白尼、伽利略，诸如不畏惧宗教势力的路德、加尔文，诸如提出相对论的爱因斯坦……这些伟大的人物之所以能够青史留名，就是因为他们敢于当第一个吃螃蟹的人。

大自然是充满神奇的，尽管时代发展到今天，人类文明极大进步，但人类在大自然面前依然非常渺小，不足为道。尽管人类的足迹已经遍布全世界的每个角落，但是对于生命的探索依然永无止境。总而言之，我们必须勇敢地扛起前进的旗帜，吹响前进的号角，才能更加充满自信地探索未知领域，也成为一切发展和进步的先驱力量。有些人或许会说，那些能够青史留名的人类先驱，无一不是天赋异禀、智慧和能力都超出常人的人，其实他们也并非真的与众不同，只不过他们敢于冒险，敢于争先，从来不畏惧当第一个吃螃蟹的人。朋友们，假如你也想要为自己的人生赢得与众不同的光彩，那么你就必须也要培养自己敢于突破的精神，这样的你才值得拥有特立独行的人生。

1943年，美国的约翰逊创办了《黑人文摘》杂志，经营艰难，很多人都不看好它的发展前景，甚至断言这个杂志很快就会山穷水尽。为了改善经营困境，约翰逊苦思冥想，终于想出了一个好办法。他在全社会发出征集令，号召大家撰写以“假如我是黑人”为题的文章，踊跃投稿。当然，要想把这篇文章写好，就必须把自己假想成黑人，从而才能站在黑人的角度考虑问题，体谅黑人的处境，从而深入探讨引发整个社会关注的种族问题。遗憾的是，征集令发出后，人们反响并不热烈，还有很多人对此产生了抵触情绪。这时，约翰逊想，如果能够请当时的国母——罗斯福夫人埃莉诺作为民众的表率，率先写出这样的文章，一定能够号召广大民众热烈响应。这样一来，对于黑人问题是有很大好处的，而且也能够极大增加杂志的发行量。为此，约翰逊当即提笔给总统夫人写了一封信，恳求她能够在百忙之中抽出时间来写这样一篇文章。然而，罗斯福夫人以忙为理由拒绝了约翰逊，不过约翰逊毫不气馁，此后他坚持每隔半个月就给总统夫人写一封言辞恳切的信。

最终，当得知总统夫人因为处理公务将会来到芝加哥逗留两天时，也在芝加哥的约翰逊马上抓住这个机会，给总统夫人发了一封电报，请求她抽出宝贵的时间拯救《黑人文摘》于水深火热之中。最终，约翰逊的真诚让总统夫人备受感动，这一次她很快答应了约翰逊的请求，并且写好了文章。这个消息简直让美国举国震惊，短短的一个月时间里，《黑人文摘》因为得到总统夫人的垂爱，原本只有两万份的发行量居然激增至十五万份，《黑人文摘》从此为人知晓，而且有了极大的影响力，很好地促进了美国种族问题的解决。

作为一份杂志的创办人，居然让总统夫人给他们投稿，这听起来简直就像天方夜谭，也让人难以置信。然而，约翰逊就这么做了，毕竟如果不尝试的话，他根本不知道是否能够成功。在遭到总统夫人的拒绝之后，他也丝毫没有退缩，反而坚持每隔半个月就给总统夫人去信，最终也许是他的诚心感动了总统夫人，使他最终如愿以偿，得到了总统夫人的支持，也使《黑人文摘》最终起死回生，销量暴增。

置身于这个飞速发展的时代，我们每个人都要挣脱身上的桎梏，从而才能彻底释放自己的心灵，让自己充分发挥创新的能力。当然，也许彻底改变在短时间内无法实现，但我们可以先从最简单的改变开始。首先，在改变伊始，可以多多尝试新鲜事物，感受新鲜事物给我们带来的美妙感受，其次，我们还可以尽量结识更多的朋友，借助于他们给我们带来全新的生活体验，从而开阔眼界，积累丰富的生活经验和知识。当然，在进行完这些热身运动之后，接下来就是要彻底改变观念，从最简单的冒险开始循序渐进，最终让自己变得积极乐观，勇敢无畏，从而树立“敢为天下先”的理念，成为乐于并且善于第一个吃螃蟹的人。唯有如此，我们才能让自己的人生不再平庸，最终绽放出耀眼的光芒！

别让你心中的“不可能”禁锢人生

现代社会，有很多人以赚取多少钱、当多大的官作为衡量人生的标准之一，觉得人生就是当官赚钱，也因此对人生的定义产生了偏差。毋庸置疑，人生的确需要一定的经济基础才能获得更好的生活，但是如果人生只把金钱和物质作为唯一的目标，未免太过苍白和乏力。对于真正成功的人生而言，除了金钱和物质，更需要精神层面上的成功，如此才能让人生变得更加丰盈厚重，也变得更加充实。

当我们回首人生时，所谓的金钱只不过是毫无意义的数字，再大的权势也成为过眼烟云，最让我们难忘的，必然是人生中曾经的精彩经历，诸如我们战胜了多少坎坷挫折，迎接了多少挑战，又有多少次突破了自我的极限，证实了自己的能力……这些才是我们回首人生时最让人感到满意和得意的人生馈赠。

当我们把人生中一个个“不可能”变成了切实的、不打折扣的“可能”，我们必然发自内心地感到骄傲，也因为充分证实了自己的能力而感到成功的喜悦。现实生活中，我们常常看到有些人禁锢于人生的“不可能”，因而总是处处给自己设置障碍，根本不去进行任何尝试。殊不知，人生的潜能是无限的，每个人都拥有非同寻常的能力，所以只要我们坚定信心和信念，充分发掘自身的潜力，就一定能够展示人生的真正实力。

其实，人生中的有些事情看似不可能，一旦真正展开实际行动去做，我们才会发现一切并没有我们想象中那么困难，甚至随着事情不断向前推进，再加上我们不遗余力地努力，那些不可能就会变成可能，给我们带来前所未有的成就感和荣誉感。这样的人生才是值得骄傲的、充满挑战的人生，也才能表现出人生的魅力。

1937年，麦当劳兄弟独出心裁，成立了第一家“汽车餐厅”。所谓汽车餐厅，就是定位于给汽车上的乘客服务，帮助那些汽车驾驶员在不离开汽车的情况下，也能顺利购买饮料和三明治，从而给他们带来了极大的便利。如此新鲜的经营模式，给汽车驾驶员购买食物和饮料带来了极大的便利，因而很快就为麦当劳餐厅吸引了众多的顾客，也使得麦当劳餐厅的生意越来越火爆。然而，人们对于好创意的模仿总是非常神速的，很快，有相当数量的餐厅都模仿麦当劳餐厅的经营模式，也让服务员把食物和饮料送到汽车驾驶员的手里，因而导致麦当劳餐厅的经营遭遇严重危机，曾经生意火爆的他们因为失去独特的竞争力，如今经营状况越来越差。

面对前所未有的困境，麦当劳兄弟丝毫没有放弃，而是想尽一切办法改善公司的经营情况，想要使公司再次恢复生命力。后来，麦当劳兄弟决定从“快”字上大做文章，他们把餐厅变成了快餐店，顾客来到餐厅之后只需要等待非常短的时间，就能吃到美味的食物，喝到饮料。就这样，麦当劳餐厅再次以简便快捷，使得经营状况急速好转。后来，麦当劳兄弟居安思危，不断改善餐厅的经营模式，也不断推陈出新，出奇制胜，最终实现了厨房的标准化和自动化，进入产业经营的模式。

麦当劳餐厅之所以能够不断发展壮大，形成如今遍布全球的伟大局面，就是因为麦当劳兄弟从一开始面对危机时，就给餐厅定位了绝不在困难面前低头和退缩的经营模式和理念。后来虽然顺利度过危机，但是他们依然居安思危，绝不以逸待劳。在他们的不断挑战和创新之下，麦当劳餐厅实现了良好的发展，并且最终确立了其在快餐业至高无上的领导者地位。

常言道，哀莫大于心死。假如我们在面临人生所谓的“不可能”时，首先从心理上否定自己，限制自己，导致自己根本不想进行任何尝试，那么我们自然无法成功地突破人生想当然的极限，也就无法最大限度发挥人生的潜能。只有心中怀着希望，也绝不轻易认输，更要不遗余力地做出尝试，我们才能实现人生最大的可能性。就像麦当劳兄弟一样，假如他们轻易放弃，在遭遇困境的时候不再努力尝试，而是甘于命运，那么麦当劳一定不会有现在如此大的规模和良好的经营运转，快餐界也会少了一个传奇。

作为美国大名鼎鼎的钢铁大王，卡内基也曾说过，他理想的优秀员工并非一定要有多高的学历，而一定要有勇敢挑战人生中“不可能”的精神，还要有钢铁般坚定不移、顽强不屈的意志。的确，也只有这样的人才能迎接人生和工作中的重重挑战，从而为人生创造非凡的成就。

现代社会正处于飞速发展之中，事情每时每刻都在不停地变化，而且人才济济，竞争异常激烈，我们要想出人头地，必须坚持挖掘自身的潜能，勇敢迎接人生的挑战。尤其是在职场上，很多职场人士都陷入平庸之中，因而人生和事业都没有太大的起色，在这种情况下，要想改变现状，突破现状，我们就要摆脱内心对于未知不可把控的控制，挑战极限，超越极限，从而把所有人生的不可能都变成可能。这样的人生，才是真正精彩的人生，也才能做到没有遗憾，勇往直前。

向梦想进发，丰富你的人生

对于人生，每个人都有自己的理想和规划，遗憾的是，真正能够实现人生理想的人却少之又少。究其原因，并非因为我们的理想不切实际，也不是因为我们的各方面条件不够成熟，而只是因为我们在实现梦想的过程中缺乏毅力，因而导致我们的人生缺乏奋勇向前的动力，我们的人生也渐渐变成了一个残缺的圆圈，无法迅速奔跑向前。

很多朋友都知道，人生如同白驹过隙，转瞬即逝，是非常短暂的。在有限的人生中，我们要想做出一定的成就，获得人生的收获，就必须调整好自己的心态，绝不拖延，而是有了想法马上考虑成熟它，当即付诸行动。唯有如此，我们才能让自己的人生来一场说走就走的旅行，从而做到积极主动，永远为时不晚。

记得曾经有人说过，人必须自己成全自己。的确，我们是自己人生的主人，我们也是自己命运唯一的主宰者。在人生之中，我们不能一味地被动等待，而是要采取积极主动的态度迎接和拥抱人生，设想和计划人生，从而积极地把人生的一切规划都落实到实处，这样我们的人生才能变得更加充实、可靠。

很久以前，有个男孩出生在偏僻的农村。长到几岁之后，他就和父亲一起去田地里干活。他亲眼看到父亲是如何日出而作、日落而息的，也知道父亲多么辛劳。

有一次，父亲干活的间隙坐在地头休息。这时，他发现小男孩正在盯着远处重峦叠嶂的群山看呢。父亲问："孩子，你在想什么？"男孩不假思索地回答："爸爸，你这样耕种太辛苦了。我在想，假如有一天我不需要在田地里干活，也不用辛苦地上班，只要坐在家里，就会有人寄钱给我，那可就太好了！"原来，男孩前几天看到老师投稿后收到稿费，因而就有了这样的梦想。对于男孩的话，父亲不置可否。男孩还告诉父亲，在遥远的埃及，有个金字塔，他发誓要去亲眼看看金字塔。父亲连听都没有听说过金字塔，自然不相信男孩的话。但是，若干年后，这个男孩长大了，他真的去了埃及，站在金字塔下仰望着金字塔。而且，他如同自己梦想的那样，坐在家里，就有人给他寄钱，这是因为他的文章文采斐然，总是能够得以出版。当他站在金字塔下时，他还给远在家乡的父亲打电话："爸爸，我终于如愿以偿地实现了我的梦想！"

这个小男孩，就是台湾大名鼎鼎的畅销书作家——林清玄。

对于林清玄年少时期的梦想，父亲显然不以为然，因为父亲一辈子都生活在黄土地上，他根本不敢想象人生可以改变一种方式度过。然而对于年少的林清玄而言，一切都有可能，而且未来正在向他招手呢！就因为始终牢记自己的梦想，始终向着梦想努力奋进，所以林清玄才能连续十年成为台湾畅销书作家，也才能得到无数读者朋友的喜爱和赞赏。

每个人都有梦想，在追梦的过程中，我们不但成全了自己，也磨炼了自己的心志，从而成功战胜了自己。不管什么时候，哪怕人生正在经风历雨，我们也要保持平和的心态，从而才能更加理智清楚地认知自己，成就自己的圆满人生。

当然，追求梦想的过程并非一帆风顺的。当我们的梦想遭到他人的嘲笑，我们实现梦想的努力被他人质疑时，我们最重要的就是坚持自我，不要轻易被他人的评价和判断所左右。要知道，我们才是自己命运的主人，我们才能走出属于自己的人生道路，这是任何人都无法替代的。朋友们，让我们为自己圆梦，让我们的人生更加圆满吧！

树立雄心壮志，才有可能走向成功

人类的祖先是类人猿，早在三百万年前，人类的祖先和其他动物一样在丛林里生活，始终与杀戮、饥饿、死亡等恐怖的事情相伴。他们生存的唯一法则就是“弱肉强食”，必须能够战胜那些凶残的对手，才能活下去。然而，人类是有野心的，他们在漫长的进化过程中逐渐步入文明社会。但是，人类虽然变得文明，其兽性并没有消失，所以才会有人说人类一半是天使，一半是野兽。

随着现代社会文明的发展，人类的兽性在道德和法律的约束下，渐渐潜伏下来。当然，这里所说的兽性并非指的是作为野兽的本能，而是指人随心所欲、不愿意被驯化的那些自由习性，以及桀骜不驯的野心。现代社会，竞争非常激烈，野心再次被提及，而且作为很多人奋斗在职场上缺少的品质，被再次提升到前所未有的高度。在这种情况下，我们必须正确对待自己的野心，有目的地规划和发展自己的人生，才能迈向成功之路。

当然，需要注意的是，野性不是胡作非为，更不是盲目地独断专行。现代社会的野心，必须具有针对性和目的性，也要从我们自身的能力和水准出发，按照我们的实际能力，练就过硬的本领，从而具备生存的智慧和信念。就像现代社会很多人都做事情优柔寡断，归根结底，就是因为他们对于人生没有野心，也缺乏野性导致的。总而言之，现代社会发展到今天，就如同一个现代化的钢筋水泥的丛林。在这个丛林里，我们必须要有野性，才能更加积极主动面对人生，创造未来。否则，我们的人生就会被各种各样的东西禁锢住，导致毫无发展，缺乏创新。尤其是现代社会上的很多人，做起事情来总是瞻前顾后，犹豫不决，最终必然错失良机，与人生中的好机会失之交臂，导致自己追悔莫及。然而，人生是不能重来的。任何时候，我们必须更加努力，更加坚决果断，才能尽情把握人生。

人生是短暂的，也是漫长的。在人生之中，有的人出人头地，有的人平庸无为。归根结底，在诸如机遇、能力、才学等因素中，野心的确会对人生起到决定性作用，甚至能彻底改变人生。所以朋友们，我们可以缺乏很多东西，但是唯独不能缺乏野心，因为有野心才能激励我们的人生不断奋发向上。

第 11 章

掌握人生主动权，随时捕获机会

石油大王洛克菲勒曾说过这样一句话：“我们的命运由我们的行动决定，而绝非完全由我们的出身决定。”的确，一个人的命运如何，是掌握在自己手里的，出身只能决定我们的起点，不能决定我们的终点，唯有掌控自己人生的主动权，才有努力的方向和恒心，也才能随时捕捉到一飞冲天的机会。

改变思路，主动求变

人的一生，是不断接受改变的一生。的确如此，我们的生活时时刻刻都在变化，我们也在争分夺秒地适应这种变化。每当面对一些突然发生的改变时，我们就会手忙脚乱，不知所措。其实，要想让生活变得轻松一些，我们不妨改变思路和方法。既然改变终归要发生，我们就要变被动接受，为主动求变。

恋爱之中，有追求与被追求的两方，当然，也有一拍即合的一见钟情型。不过，大多数还是有先后的。总有一方先对另外一方表现出好感，然后另外一方经过一段时间的考察和相处之后，决定是接受还是拒绝。有些人比较木讷，在恋爱中从不主动，即使确立了恋爱关系，也依然被动地等着对方来爱。这是不好的。很多事情，我们要想掌握主动权，就应该先计划，再行动。感情也是需要经营的，如果一味地等着对方主动示好，你就无法把握恋爱的节奏。和朋友相处也是如此，现代社会，人际关系上升到前所未有的高度。不管在生活中还是在工作中，我们都没有办法脱离人际关系独立生存。拥有良好的人际关系，能够帮助我们占尽天时地利人和，更快地获得成功。那么，在和朋友交往的时候，你是不是占据了主动呢？中国是一个崇尚礼仪的大国，尊崇礼尚往来，你先向对方表示了友好，对方也一定会给予你回应。相反，假如每个人都等着别人来和自己交往，那么人与人之间就会变得非常冷漠。要想拥有更多的朋友，你要成为那个先抛出橄榄枝的人。

在工作中，主动的精神更加重要。很多人都有惰性，只要工作上的表现符合老板的要求，只要薪资能够养活家里，就不想再做出更大的努力。其实，别人都在进步，你不努力奋进，那么时间长了，你就会落后，就会面临被淘汰的窘境。社会的发展争分夺秒，作为社会的成员之一，每个人都没有止步不前的权利，因为不进则退。很多时候，与其被动地等着被淘汰，我们不如主动学习，充实自己，主动出击。这样一来，才能更加从容地应对改变的到来。

孙勇是一名小学教师，在家乡的小县城工作。近年来，教育行业不断创新，孙勇作为教学系统的创新楷模，最近不但胜任副校长，还获得了全市为数不多的几个出国学习的机会。

很多老师私底下议论纷纷，说孙勇肯定是有亲戚在教育系统工作，所以才能从名不见经传一下子就爬到了副校长的工作岗位上。其实，孙勇的父母都是农民，孙勇之所以能有今天的成就，完全是因为他主动求变的精神。

早在读大学期间，孙勇就开始接触很多教育杂志。这些杂志上面有最新的教育资讯，包括对整个教育行业的探讨和探索的一些论文。对于这些，孙勇常常思考。因为传统的教育模式已经无法培养出社会需要的人才，那么，他以后将会是一名小学教师，就要从娃娃开始调整思路。

毕业之后，孙勇在工作过程中经常贯穿一些自己的新想法，在他的精心教育下，班级里的孩子们的确形成了创新的思维模式。再说说教学方法，孙勇一直在摸索新的教学方法。以前，老师只顾着教，学生只顾着学，教学过程中很少进行沟通和互动。孙勇呢，他在课堂上极大地调动了学生的积极性，利用新媒体，把自己退出课堂，而只作为学生的引路人。有一次，他用这种模式上了一节公开课，引起了很多教师的讨论。在探索的道路上，孙勇从未停止。因此，当教育系统开始发文调整教育思路，改变传统教学模式时，孙勇早已抢先一步。在缺少榜样和典型的时候，他理所当然被确立为教师们学习的楷模。就是这样的一个契机，被孙勇抓住了，从而改变了自己的命运。

如果孙勇一直没有为创新教育做准备，他就无法抓住这个千载难逢的好机会，把自己展示在众人面前。他的成功，是因为在别的教师浑浑噩噩混日子的时候，他就已经开始主动求变了。所以，他才能牢牢把握自己的命运，为自己争取到更开阔的人生舞台。

机会，贵在抢占先机

人们常常抱怨没有机会展示自己，实际上，对于真正的智者来说，机会不是等来的，而是自己找出来的。在我们的生活和工作中，机会其实无处不在。就像千里马一样，它也正静静地等着能够意识到它价值的人，发现它，抓住它，创造辉煌的它。古人云，世上千里马常有，而伯乐不常有。同样的道理，世上机会很多，但是能够发现机会的人很少。很多在山里生活过的人有挖竹笋的经验。每当竹笋成长的时节，只有经验丰富的山民才能抓住竹笋最肥美鲜嫩的时刻，把竹笋挖出来。一旦过时，竹笋就会变老。机会也和竹笋一样，需要有火眼金睛的人去发现它。一旦过时，它就会悄悄溜走，一去不复返。这就像人们常常抱怨世界上缺少美，有位名人一语道破天机，世界上不是缺少美，而是缺少发现美的眼睛。在抱怨机会太少的时候，我们应该先学着如何发现机会，找到机会。如果机会已经像竹笋一样成长为摇曳的竹子，人人都能看得到，那么也就不能再称之为机会了。机会，贵在稀缺，贵在抢占先机。这就像做生意一样，如果你先做了，那么你能捞得第一桶金。如果满大街都在做相同的生意，你还去做，那么你就是自己往火坑里跳了。

也许有人会问，机会了无痕迹，又不是具体的某一件东西。怎么找呢？看不见，摸不着的，很可能在眼皮子底下也无法发现。其实，寻找机会的关键就在于我们自身。你的触觉是不是足够敏锐，在大家都无知无觉的情况下，能够嗅到一丝丝气味；你的思路是不是清晰，在某件事情还未真正火起来的时候，就预见到了它的未来；你是不是足够有魄力，原以为只有百分之一的可能，却付出百分之百的努力……这些，都是发现和寻找机会的潜质。如果不具备这些潜质，没有创新和开拓的魄力，你很难发现并找到机会。

和成功的人多学习，多交流，开拓自己的思维和思路，也是发现机会的一个好办法。至于其他的办法，想知道的朋友们可以在生活和工作中慢慢摸索。总之，要记住一条，处处留心皆学问，处处留心皆机会。只要你想找，机会总还是能找到的。

适时为他人挺身而出，做一次“英雄”

在越来越浮躁复杂的社会中，很多人都采取明哲保身的态度，事不关己，高高挂起。用民间俗话来说，就是各人自扫门前雪，莫管他人瓦上霜。如此一来，人与人之间也就变得越来越冷漠，几十年前那种邻里相互守望的感觉，在现代社会再也无处寻觅。由此，整个社会也变得更加冷漠，毕竟社会是由每个人组成的，人与人之间的任何风吹草动，都会影响整个社会的风气。生活在这样一个日渐冷漠的社会里，真的很幸福吗？答案当然是否定的。任何情况下，感情才是人与人交往的真谛，尽管在现实生活中很多人因为金钱、利益等结为同盟军，但是都无法和人与人之间的真情相媲美。

在金庸和古龙的武侠小说中，我们经常看到那些大侠扶危济困，路见不平拔刀相助。在现代文明社会当然不能动辄拔刀，但对于和自己无关的事，人们哪怕是多说几句都不愿意。其实，不管时代如何发展，我们都应该当一个三头六臂的孙悟空，见到妖魔鬼怪就马上亮出自己的金箍棒，不遗余力地帮助他人，也维护社会的和平与正义，这才是具有社会责任感和使命感的人真正该做的事情。

从古至今，人们都很崇拜英雄，并非单纯因为英雄超出常人的能力，更因为英雄具有社会责任感和使命感，每当遇到关键的事情，总是能够挺身而出，战胜困难，也扶危济困，慷慨地帮助他人。虽然我们都是普通人，但是也应该保持积极和热情，在生活中乐于助人，在职场上更是能够摆平其他同事无法解决的难题。如此一来，我们不但会得到同事的认可，而且会得到上司的赏识，最终成为处处受人欢迎和尊重的“英雄”。

一天清晨，一座位于美国宾夕法尼亚州的大型停车场发生了事故，导致调车场线路一片混乱，整个调车场都陷入惊慌之中，很有可能因此引发次生灾害，导致车祸发生。作为一名普通的电信技工，约翰逊也意识到了问题的严重性，他心急如焚，但是因为他只是一名普通工人，根本没有权利处理如此严重的问题。可是如果继续等待上司上班之后再解决问题，现在就已经越来越混乱的车场线路将会引发严重灾害，后果不堪设想。这可如何是好呢？万一越俎代庖，帮助上司做出处理方案，结果如果依然恶劣，甚至还会给他招致严重的麻烦，轻则失去工作，重则遭遇牢狱之灾。此时此刻，现场其实有好几个和约翰逊一样的电信工，他们都漫不经心地等着上司到来。

原本，约翰逊也可以和其他同事一样事不关己，高高挂起，但是一想到严重的次生灾害也许会导致很多人的生命受到威胁，他马上下定决心，在文件上用上司的名义签名，并且做出了及时妥当的安排。如此一来，等到上司姗姗迟来时，停车场的线路已经在约翰逊的处理下得到了圆满解决，变得井然有序，就像始终一切如常一样。上司得知约翰逊的行为后，非常认可他，并且还给予了他重重的奖励。在上司把随机应变的约翰逊的英勇事迹报告给总部之后，总部当即破例提拔约翰逊，使他从一名普通的电信工成为了总公司的重要领导。从此，约翰逊的职业生涯一帆风顺，他也真正实现了自己的价值，拥有了辉煌的人生。

在这个事例中，如果约翰逊和其他电信工一样，事不关己，高高挂起，最关心自己的工作，而不关心整个停车场的安危，也许他至今还和那些电信工一样平凡，默默无闻，也碌碌无为。但是约翰逊在意识到问题的严重性之后，自己甘愿冒着极大的风险，也要阻止严重次生灾害的发生，因而最终成功制止了混乱，也使自己的人生得到了好的机遇。

一直以来，人们都会受枪打出头鸟的错误观念影响，不愿意在关键时刻表现自己。其实人们也常说，乱世出英雄，意思是说越是在关键时刻，越能够展现出一个人超强的能力和水平。因为在混乱之中不但更需要有人挺身而出，也更能彰显出人性的光辉和美好。所以朋友们，假如你们想要出人头地，引起他人的注意，不妨从此刻开始就不要再猥琐怯懦，而应该抓住机会为他人造福，为社会贡献自己的一份力量，也为自己的声名大噪奠定基础。也许，机遇就在不起眼的时刻，悄然从你身边溜走，你必须看准时机抓住机遇，才能彻底改变自己的命运！

唤醒自己，撕掉他人给你贴的“标签”

现代社会，随着人们对教育越来越重视，各种教育理念也如同雨后春笋般崭露头角，因而很多父母在新的教育理念的指导下，对于孩子的教育更加注重，也投入了更多的时间和精力。然而，依然有很多父母没有摆脱在教育孩子过程中的误区，即对孩子贴标签。所谓贴标签，就是以论断性的语言对孩子做出总结和概括，这种做法甚至还会导致孩子最终认可标签代表的形象，从而真正成为一个符合标签特征的人。举个最简单的例子，假如父母总是当着孩子的面说孩子很笨，是个笨蛋，是个蠢货，日久天长，孩子因为自身的认知能力和思维判断能力都不足，所以就会被动地接受“笨蛋”“蠢货”等标签，导致自己的人生之路也越来越向着标签靠拢，不知不觉间就变得听天由命，自暴自弃，破罐子破摔。为此，有很多教育学家都告诫和呼吁父母千万不要随意给孩子贴标签，毕竟孩子正处于飞速成长和发展的阶段，人生还充满着无限的可能性，根本不可能定型。而这样的标签恰恰导致孩子们对人生失去希望，甚至产生逆来顺受的消极思想，导致他们的思想与行为都与标签越来越符合，也越来越相似。倘若一个原本可以很优秀的孩子，就因为父母随意的贴标签行为，导致人生出现偏差，甚至完全脱轨，岂不是很遗憾么？

除了给孩子贴标签之外，人在职场，成人也经常容易被贴标签，这也难免会产生消极、沮丧的情绪，甚至对工作再也提不起精神和兴致来。举个最简单的例子，假如一个头脑愚钝但是非常勤奋的下属在工作上犯了错误，上司就此批评他“没有创造力”“思维迟钝”，那么尽管这的确是事实，最终却会扼杀下属不断进取的积极之心，导致他在工作上止步不前。其实，上司在职场上之于下属，恰恰也像父母和老师之于孩子，会对其产生巨大的影响力。一旦上司随意给下属贴上标签，就会使下属失去自信，甚至从此变得束手束脚，人生的发展和机遇也会因此受到影响。

对于成功，大名鼎鼎的成功学大师卡耐基曾经说过，一个人要想取得事业的成功，必须在和谐而又自由的环境中充分发挥自身的主观能动性和创新性，勇敢打破旧我的束缚，铲除道路上的一切阻碍。从卡耐基的话中我们不难看出，正如人们想要建立一个新世界，必须首先推翻和废除旧世界一样，对于个人而言，道理也是一样的。

一直以来，大家都说豆豆是一个非常优秀的老师，她那么喜欢和孩子们在一起，自己也有一颗童心，最重要的是她似乎天生就懂得如何把知识深入浅出地教授给孩子们。然而，毕业之后从教三年来，豆豆尽管是学生心目中的好老师，校长心目中的好教员，父母心目中的乖乖女，但是她始终都觉得自己的人生缺少了些什么。

在大学同学毕业三年的聚会上，豆豆与许久没有见面的大学好友娜娜见面了。原来，娜娜大学毕业后并没有回到家乡当老师，而是去了北京的一家报社，成为了一名实习记者。经过三年的历练，如今的她不但顺利转正，而且在数次采访任务中得到极大的提高和锻炼。看着谈吐不俗、睿智犀利的娜娜，豆豆突然间知道了自己想要的生活。她下定决心辞掉工作，尽管身边所有人都劝她如此按部就班、安安稳稳地生活下去，但是她很清楚地知道，自己并不安于命运，而且也不想像所有人判断的那样当一辈子的老师。

就这样，豆豆义无反顾地背起行囊去了上海，相比干燥的北京，她觉得上海的婉约和湿润更适合她。因为缺乏工作经验，她并没有如愿以偿地直接成为一名记者，而是成为了一名编辑，每日做些与文字有关的简单工作。直到经过三年的历练，她才得到主编的认可和赏识，因而渐渐能够承担一些相对简单的采访任务。出乎主编的预料，豆豆对记者的工作丝毫不显得陌生，而是轻车熟路，几次采访任务都做得非常圆满，让人刮目相看。又过去一年多，豆豆理所当然地成为了社里的资深记者，她写的稿件质量也是最好的。如今的豆豆经常接受重要的采访任务，和那些伟大的人、成功的人面对面交流，感受他们的成功，也领悟他们的独特魅力。正是因为如此深度且高质量的精神交流，使得豆豆也进步神速，不但眼光犀利，观点也更加深刻。后来，豆豆应邀去另一家杂志社当了主编，从此她的人生天地变得更加开阔，也充满了无限的可能性。

在豆豆辞掉教师的工作并且打拼出新的人生天地之前，几乎所有人都觉得豆豆就是当老师的好材料，似乎这个世界上除了教师的职业之外，再也没有任何职业这么适合豆豆。然而，豆豆心里很清楚自己想要什么，想获得怎样的人生。为此，她义无反顾地辞掉工作，撕掉了人们给她贴上的标签，重新开始缔造属于自己的人生帝国。这样的豆豆，勇气可嘉，也因此得到了命运的慷慨馈赠。

现代社会正处于飞速发展之中，社会上的每个人也都应该朝气蓬勃，充满激情，更应该发挥自身的潜能，为自己创造辉煌的人生。倘若被他人的标签束缚住，我们前进的脚步就会被羁绊，从而导致失去美好的拥有无限可能性的未来。朋友们，如果你们发现自己被他人贴上了标签，一定要赶快主动撕掉标签，这样才能释放自我。当然，我们也应该注意在生活和工作中避免给他人贴上标签，否则就会无形中影响他人的人生，导致他人止步不前，岂非罪过？积极的人生应该充满激情，更应该对于未来有着无限渴望和畅想。就让我们加足马力在人生的道路上纵横驰骋吧，相信命运一定会给予我们喜出望外的惊喜！

创造条件，让机会主动找上你

人是有磁场的，所以很多人总是能够吸引来成功，但是很多人却总是无法摆脱失败的厄运。归根结底，这并非是厄运相随导致的，而是因为我们没有营造好成功的磁场，也缺乏磁场吸引到来的机会，所以我们的人生才会非常局促，最终导致我们总是与成功无缘。

无论我们怎么抱怨机会的不公平，我们都必须承认，机会对于每个人都是公平的。举个最简单的例子，同样面对机会，做好准备的人抓住了，没有做好准备的人无法抓住，那么抓住机会的人获得了成功，没有抓住机会的人最终失败，这该抱怨谁呢？

很多获得成功的人都再三强调，我们无需被动地等待机会，而是要主动出击，抓住机会。归根结底，机会是我们争取来的，而不是我们被动地等来的。伟大的亚历山大当年成功攻占了敌人的一座城池，当有人问他如果有机会是否选择继续战斗时，他不屑一顾地说，他不需要等待机会，而是可以创造机会。毫无疑问，亚历山大之所以能够成为举世闻名的大帝，自然有他与众不同的地方。纵观古今中外，每一个成功者背后，都有其勇敢果断的魄力，所以他们才能成为机会的磁场，吸引机会接二连三地来到他们身边，而他们也能当机立断抓住机会，创造自己伟大不凡的人生。

如今，缺乏工作经验的大学生毕业后，找工作成为一大难题。小马深知其中的道理，因此从大四下学期开始，他就经常去人才市场，想要多多了解人才市场的情况，从而更有针对性地找工作。每次去人才市场，都人山人海，但是却很少有单位招聘，而且合适的单位就更少了。为此，他虽然每次都带着简历去，却很少投递简历，总是看看就回到学校，继续上网找相关单位的情况。最终，他瞄上了市区的一家企业。这家企业不但知名度高，而且目前正在为了一个大项目征集标书的策划方案。这恰巧与他大学所学的专业对口，是他所擅长的。

小马再也不四处闲逛找工作了，而是当机立断，想方设法打听到那家公司竞标项目的相关情况，然后每天图书馆一开门就去图书馆，从而查阅了大量资料，针对那家公司的项目要求，做出了一份详细的标书策划书。完成策划书的第二天上午，他带着策划书直接面见总经理，并且把自己精心制作的标书交给了总经理。当时，总经理正好急着找好的策划方案呢，因而并没有拒绝“从天而降”的他，而是把策划书留下来认真看了。果不其然，总经理对于马上毕业的大学生能够做出这样的策划书，感到非常惊讶。次日就打电话给他，让他来公司签订劳务合同，等到他一毕业就可以马上上岗。而且，总经理还承诺他，在他没有毕业期间做出的策划方案，只要被录用，就会给予他一定的现金奖励。小马很高兴，因为这恰恰是他努力想要得到的结果。

朋友们，很有可能，你的确是一块金子。但是，是金子也有可能被埋没，导致光芒无处绽放。因而，我们要想获得成功，就必须学会主动发光，学会创造属于自己的舞台。人们常说的酒香不怕巷子深，放在现代社会已经完全不适用。我们要想出人头地，就必须首先做好营销，这样才能让我们得到他人的赏识，从而得到机会展示自我，获得成功。

朋友们，记住：人生短暂，机会不是等来的，也不是从天而降的。我们必须主动创造机遇，才能成为超强的磁场，吸引机会不断来到我们的身边，成就我们。假如你们现在还在被动地等待，那么马上转化思路，让自己成为机遇的磁石和缔造者吧，相信你们从此之后一定会拥有与众不同的人生。

成熟的第一步是主宰自己的人生

每个人都是自己人生的主人，这个道理人人都知道，但是真正能做到的人却不多。人最大的弱点，就是我们日常所说的“软耳朵根子”“棉花耳朵”。也许各个地方对于这种现象的描述方式不尽相同，但是对于本质内容的表达却都是相同的。当一个人缺乏自己的主见，遇到任何问题都想要听从别人的安排，甚至因为自身拿不定注意、犹豫不决，最终导致错失良机。这样一来，事情必然变得复杂，我们的人生也就很难顺遂如意了。

一个人要想主宰自己的人生，成为人生的把控者，必须坚持正能量，杜绝负能量。而且，这个世界上绝没有两个完全相同的人，也就注定了这个世界上绝没有两条完全相同的人生之路。所以我们在操控人生的时候，必须在深思熟虑之后做出自己的思考和判断，从而坚持走好自己的人生之路，做好自己的每一件事情，活出自己与众不同的精彩人生。反之，假如一个人在生活和工作中，不管什么时候都没有主见，而且越是遇到难以决定的问题就越是更加犹豫不决，那么最终他们一定会因为拿不定主意感到非常烦恼。所以朋友们，我们必须牢记一个道理：人生是我们的，我们不能被别人操控，而要独自主宰人生。

1882年，一个女婴因为突发高烧，导致失去听力和视力，成为聋盲人。此外，又因为失去听力，无法得到外界的语言刺激，所以她渐渐失语。对于一个只有十九个月的幼儿来说，这样的打击无疑是残酷的，她与整个外界的通路都被阻断了。她，就是后来举世闻名的作家和演说家海伦。那么，从聋哑盲的身体状况出发，海伦是如何一路成长起来的呢？首先，海伦绝不愿意屈从于命运的安排，聪明机智的她想方设法用各种方法来感知外部世界，表达自己的思想和意志。后来，因为意识到自己与别人不一样，她渐渐感到焦躁不安，内心受到了沉重的打击。幸好，后来爸爸妈妈为她请来了家庭教师——莎莉文小姐。就这样，海伦与外部交流的通道被打开了，莎莉文小姐不仅教会她读书认字，而且还让她学会读唇语，学会说话。

此后，海伦付出了比正常人加倍的努力，学习文化知识，读完了大学课程。她顽强不屈的毅力，帮助她在求学的道路上战胜了无数的困难，而且她还特别有主见，总是不达目的不罢休。后来，她的《我的生命》一书出版，她大获成功，还拥有了足够的金钱为自己购买独立的住房。此后，她更是以自己的经历四处演讲，鼓舞那些身处逆境的人们一定要坚持不懈地与命运抗衡。最终，全世界的人都知道了海伦的顽强和成就。可以说，海伦的事例鼓舞和激励了全世界迷茫的人，也帮助他们找到了自己人生的方向。

曾经，海伦说过，如果她不是小时候遭遇的疾病导致聋盲，那么她也许不会拥有这样出类拔萃的人生。她很有可能像大多数普通的女孩一样度过平淡的一生，甚至碌碌无为，默默无闻。然而，残酷的命运激发起她潜在的力量，使她能够不遗余力地与命运抗衡，也成就了她与众不同的人生。歌德曾说，假如一个人游戏人生，就注定会一事无成；相反，只有能够主宰自身命运的人，才能避免成为人生的奴隶。人生短暂，我们到底如何度过自己的一生，这是必须要慎重选择和决定的。

我们的生活我们自己做主，任何情况下，我们只有主宰人生，才能算得上是人生的强者。否则，在别人的安排下，哪怕我们生活得很好，也会因为失去人生的主动权，使我们的生活黯然失色。

第 12 章

战胜困难，才能越挫越勇

我们都知道，在人生道路上，困难和挫折是难免的，尤其是希望有一番成就的人们，更要有心理准备，人生会起起伏伏，我们无法预料，但是有一点我们一定要牢牢记住：绝境能吞噬弱者，也能造就强者。当你遇到逆境时，千万不要忧郁沮丧，无论发生什么事情，无论你有多么痛苦，都不要整天沉溺于其中无法自拔，不要让痛苦占据你的心灵。即便身处绝境，我们也要有勇气直面困难并且做到一直向好的方向行进，这才是一种努力达到和谐的状态，那么，你最终将战胜困难，走出困境。

不要害怕失败，勇敢尝试吧

每个人都渴望成功，惧怕失败。殊不知，没有人能够一蹴而就获得成功，大多数的成功都是在尝尽失败的滋味之后，历经艰辛才得到的。因为惧怕失败，我们常常裹足不前，不敢轻易尝试。当年轻气盛的时候，年轻就是我们的资本，我们完全没有必要担心失败。因为即使失败，也比止步不前更好。我们有很多好的想法和创意，听起来像是天方夜谭，其实都是金点子。假如把这些想法付诸实践，有相当多的主意会在实践中获得成功，成就我们的梦想。然而，因为担心，也或许是杞人忧天，我们选择了放弃。如果没有尝试，也就没有失败，我们的人生没有失败的阴影，却也失去了成功的希望。面对苍白无力的人生，当进入暮年的时候，想必大多数人都会后悔吧。

在这个世界上，有哪件事情是没有风险的呢？可以说，凡事都有风险。在人生之中，我们常常面临机遇，有的时候，我们面临的还是千载难逢的机遇。在这种情况下，我们必须张开怀抱去迎接可能到来的失败，才有可能获得成功。古人云，失败是成功之母。还有人说，失败是进步的阶梯。的确如此，失败是值得我们感恩的。举个最简单的例子，每个人在学校的时候都经历过无数次考试，对于考试中出错的地方，老师在讲解的时候总会说“这次错的同学只要认真订正，下次就不会再错了”。事实果然，这次错的题目，在用心地听老师讲解并且订正之后，就留下了深刻的印象，再也不会出错了。人生也是如此。很多父母或者长辈，总是对孩子各种限制和叮咛，生怕孩子走自己年少之时走过的弯路。实际上，有些错误是别人无法替代的，父母曾经犯过的错，不代表孩子也有了免疫力。只有孩子也犯了同样的错误，他才会反思自己，不再把父母的叮嘱当成耳边风。

年轻的朋友们，勇敢地去尝试吧。趁着年轻，趁着一切都可以重来，即使失败了，也无怨无悔，反而心怀感恩。当你失败的次数越来越多，你会发现自己距离成功也越来越近。伟大的科学家爱迪生在发明电灯的过程中，为了寻找合适的材料当灯丝，足足试验了上千次。可以说，他的成功就是失败累积起来的。当然，这里所说的拥抱失败并非让大家在做事情之前不考量，而是说在深思熟虑的基础上，预估最坏的情况和最好的情况，然后勇敢地尝试。尝试，还有成功的机会，不尝试，则连失败的机会都没有。人生，就是一张白纸，我们从白纸起步，不停地积累经验。很多情况下，推动我们进步的恰恰是一次次的失败。与其让金点子停留在空想阶段，不如勇敢地将其付诸实施，这样一来，即使失败了，也是切身经验，也能让你改进之后的想法更加成熟和可行。

在好莱坞，史泰龙大名鼎鼎，是不折不扣的大腕。然而，谁能想到，在出名之前，史泰龙的生活非常困窘，甚至买不起一件穿得出去的西服。即便生活如此艰难，他依然在坚持梦想：当演员、拍电影、功成名就。史泰龙心知肚明，好莱坞有五百家电影公司。为了让拜访更加有效，他事先设定了线路图，按照规划好的顺序挨拜访。他还带着剧本，那是非常适合他的剧本。然而，逐个拜访下来，他居然被五百家电影公司都拒绝了。这样的打击，对于大多数人来说都是致命的，为什么五百家公司中没有任何一家公司对他感兴趣呢？史泰龙没有气馁，他再次按照名单和线路图，开始了第二轮拜访。这需要多么大的勇气和自信啊，命运似乎在和他开玩笑，他的第二轮拜访依然毫无所获。没关系，史泰龙坚信自己有一天一定会成为电影明星，抱着这个梦想，他开始了第三轮拜访。这轮拜访的前349家，依然给予他拒绝。直到第350家电影公司的老板，才对史泰龙的剧本表现出稍许的兴趣。看完剧本后，老板通知史泰龙去公司详细聊聊。这次，史泰龙为自己争取到了出镜的机会，而且是男一号。这部电影的名字叫《洛奇》，这个剧本就是史泰龙创作的。从此之后，电影史上多了一个演员的名字——史泰龙，也多了一部富有传奇色彩的电影——《洛奇》。

仅仅是逐一拜访五百家电影公司，听上去就已经有点儿不可思议。更让人惊讶的是，在被五百家电影公司拒绝后，史泰龙选择再来拜访一次，并且在第二轮拜访也毫无结果的情况下，开始了第三轮拜访。第三轮拜访听起来也不那么顺利，毕竟是到第350家影视公司，老板才想看看他的剧本。这需要多么顽强的毅力和勇气，如果没有自信，一定无法坚持下去。可以说，史泰龙的成功是踩着一次次失败的阶梯，才能登顶的。

年轻人们，看看史泰龙的今天，再看看他的昨天，你们一定知道自己应该怎么做了吧。每一个成功人士的背后，都是无数次的失败。他们之所以能够获得成功，是因为他们坦然接受失败，并且将失败变成自己进步的阶梯。从失败中积累的经验、汲取的教训，对于我们行走人生之路大有裨益。

失败是成功之母，失败是进步的阶梯。当你学会从失败中吸取经验和教训，你就能踩着失败的阶梯获得极大的进步。失败，是一次反省自身、完善自身的好机会。

成功者，从不向挫折妥协

有谁的人生之路会是一帆风顺的呢？在我们羡慕他人的光鲜亮丽时，也许他们背后也曾吃了我们不知道的苦。因而，不要抱怨别人的人生为何顺遂，你的人生为何总是充满挫折。正确的做法是，你要学会坚强，学会独立面对人生的一切苦难，学会永不放弃，更不妥协。在海明威笔下，老人与大马哈鱼奋战，又与闻到血腥味的鲨鱼奋战，虽然几天几夜没吃没喝没合眼，但就是永不妥协。虽然最终他只带回了大马哈鱼的骨头架子，但是他成功了。

纵观古今中外，没有任何成功者是因为妥协，才获得成功的。大多数成功者的人生道路甚至比普通人更加充满坎坷和挫折，但是他们最终之所以能够获得成功，就是因为不妥协的顽强精神。人生，峰回路转所以更美丽，迂回曲折所以更变通。人生的现实，要求我们必须学会面对一切突发的和意外的状况。因而，我们可以选择失败，也可以选择坚强不屈地面对。

毋庸置疑，在面对失败时，我们会感到万分失望，但是痛定思痛，总结经验，我们才能踩着失败的阶梯不断进取。倘若就此沉沦，只怕再也没有机会改变现状，掌握命运。任何成功者，都不会以妥协的姿态获得成功。相反，一切的失败者，都是因为妥协和放弃，才最终导致失败。

35岁时，原本应该在事业上风生水起的乔·吉拉德惨遭事业失败，生活也随着事业的没落一起陷入困顿。最艰难的时候，他甚至不能填饱自己的肚子。为了继续生活，他在朋友的介绍下来到一家汽车经销店。然而，当看到满脸胡子的他时，经销店的经理哈雷先生表现出了极大的不耐烦。

哈雷厌烦地问："你有过销售汽车的经验吗？"

"没有。"他老老实实地回答。

哈雷马上毫不留情地质疑："那我为什么要相信你可以胜任这份工作？"

他很耐心地为自己辩解："我做过销售工作，推销过很多东西。虽然我没有销售过汽车，但是我相信我一定能把自己推销出去。这样一来，客户当然会选择从我这里购买汽车。”看到他充满信心的样子，哈雷有些心动了。而且，尽管他已经35岁了，但是看起来还是挺有闯劲的。因而，哈雷耐心地说：“你说得有点儿道理。但是现在正好是淡季，我如果雇用你，我担心其他销售员会因此而抱怨。而且，我也没有多余的暖气充足的办公室供你使用。”

他乘胜追击：“哈雷先生，我保证您雇用我是个正确的决定。我不需要有暖气的办公室，我只需要一部电话和一张桌子。您一定要相信我，我一定会在两个月内打破公司的销售记录，成为新的销售冠军。”坦白说，他对自己的话并没有足够的信心，但是他只能鼓起信心和勇气。

最终，他在哈雷公司的安排下，拥有了一张脏兮兮的办公桌和一部电话。他不停地鼓舞自己，只要销售出第一辆汽车，他就成功了。就这样，他开始对着一本陈旧的电话本打电话。他的脸上始终挂着满怀信心的微笑，他的语气也充满了自信。最终，他实现了自己的承诺。

在此后的十二年时间里，乔·吉拉德蝉联《世界吉尼斯纪录大全》“世界销售第一”的宝座。他终于用自己永不服输的态度，换来了灿烂辉煌的人生。

如果你只知道乔·吉拉的辉煌，你很难想象他也曾经遭受失败的无情对待。换作一个轻易放弃的人，也许他就会彻底失败，再也没有信心和勇气站起来。尤其是在年轻化的销售队伍里，三十五岁已经并不年轻了。但是，他用自己的实际行动证实了自己的雄心壮志是可以实现的，也重新找回了自己的尊严。由此不难看出，只要我们心中有希望的旗帜飘扬，我们就终将有一天能够证实自己的实力，实现自己的人生梦想。

人生百味，每个人都不可能只尝到甜。从现在开始，让我们更加努力地面对人生的种种磨难和挫折吧。只要我们坚持不懈，永不放弃，迎难而上，就一定能够获得成功，拥有辉煌灿烂的人生。不可否认的是，现代社会的生存压力的确很大，人们也比以往更加焦虑不安。如果我们轻易认输，失败就会成为人生一道永远也迈不过去的坎。相反，如果我们永不妥协，以积极的状态面对磨难，那么我们就能够把失败变成自己走往更高地位的阶梯。不曾从失败中汲取经验和教训的人，也很难感受到成功的喜悦。摆正心态，从现在开始坦然接受失败，并且勇敢地迎难而上吧！只要你不放弃，成功就一定会属于你！

学会坦然接受失败的事实并加以审视和分析

什么是失败？失败是一块试金石，它可以鉴定出你是否是金子；失败是一面镜子，在它面前，有人悲观颓废、自暴自弃，有人乐观开朗、积极向上。其实，已经过去的事情无可挽回，如果在错过月亮的时候你还在哭泣，那么你很快就会错过星星。我们必须对失败有个清醒的认识，不要经不起失败的打击与碰撞，我们应该明白，没有人永远都是成功的，失败是很平常的事情。我们必须坦然接受失败的事实，认真分析、审视自己受挫的过程，多多寻找方法，克服生活中存在的问题。只有在跟失败的决斗中无所畏惧的人才能打败它，走向成功。

李云和鹏鹏是邻居，平日里鹏鹏总去李云阿姨家里去玩。那天，李云阿姨晚上下班回家，看到8岁的鹏鹏一个人坐在街角，就连忙过去问他怎么了。鹏鹏看到李云，眼泪一下就止不住了，对李云说："阿姨，我爸说，今天的考试如果拿不到前三名，就不让我回家。"

李云连忙安慰他说："怎么会不让你回家呢，你爸爸只是想要激励你，让你获得好成绩。"鹏鹏擦着眼泪说："你不知道，这次考试，我真的不应该失败的。我一直都是班里最好的。我真的没有想到，怎么会这样呢？阿姨，你说，到底哪里出了问题了呢？"

李云只好对鹏鹏说："鹏鹏，许多伟人都会面临失败，不可能每次都成功，大家都有发挥不好的时候，不要把这件事放在心上。你爸爸也不会真的不让你回家。"说着李云就拉着鹏鹏的手，往他家走去。

当李云敲开鹏鹏家的门时，鹏鹏的妈妈正拿着电话，见到鹏鹏，立刻对着电话大喊："老公，鹏鹏回来了。李云把他送回来了。"隔得很远，都听得见鹏鹏爸爸的叫喊声："宝贝儿子，你怎么这么晚才回来？你要吓死爸爸吗？"

李云接过鹏鹏爸爸的电话，向他报平安，并委婉地告诉他不要强求孩子，但鹏鹏爸爸说："不是吧？我根本就没有说过这话，也从来没有强求过孩子要获得什么好成绩。鹏鹏这孩子就是耐挫性特差，一遇到点问题就受不了了。这可怎么办啊？" 原来，说不让回家居然是鹏鹏的幻想，他强行给自己订下一个高目标，并给了惩罚的标准。也许，他以为自己很轻松就能完成这个任务，所以结果出来之后才那么难以接受。

是的，不光小孩子这样，就连年纪大的人们也是抵抗不住失败的打击，长时间下来导致心理出现一些问题。朋友们，我们要有一定的耐挫力，学会接受生活中的挫折与失败，人生还有很长的一段路要走，如果因为一点小失败就萎靡不振，那以后的日子该怎么活啊？

美国考皮尔公司前总裁F·比伦曾说过：“失败也是一种机会。若是你在一年中不曾有过失败的记载，你就未曾勇于尝试各种应该把握的机会。”是啊，失败是成功的必经之路，一次次的失败就是通往成功道路上的一个个里程碑，只有从失败中吸取教训，总结经验，才能让我们不断成长前行。失败并不代表着结束，而恰恰是人生的一个新的起始点。当你失败的时候，请你不要停下你的脚步，你要放慢脚步寻找失败的原因，这样你接下来的步伐才会更加有力。

真正的强者，都会将困难踩在脚下

人生路上，我们不仅会遭遇困境，也会面对各种各样的困难。虽然人们常说困难像弹簧，但是有相当一部分困难都是很难战胜和克服的，我们轻描淡写的努力，根本无法战胜困难，为我们迎来美好的未来。所以，要想成为一个真正的强者，面对困难，我们就必须越挫越勇，从而不断超越和挑战自我，提升和完善自我，最终把困难踩在脚下。

人人都希望自己的人生一帆风顺，人人都不愿意遇到困难，被困难阻拦住。遗憾的是，现实总是残酷的，很多时候我们越是逃避困难，困难就越是堵到我们的门口，让我们无路可走，无处可逃。在这种情况下，我们必须要更加鼓起勇气，以更强大的力量面对困难。

如今，全世界都能找到肯德基的店面，也能看到肯德基老爷爷微笑的面庞。然而，肯德基老爷爷的一生艰难坎坷，是备尝艰辛之后才获得成功的。肯德基老爷爷叫山德士，他的家乡在美国印第安纳州。他六岁就失去了父亲，不得不和母亲相依为命。穷人的孩子早当家，为了帮助母亲分担养家的重担，他十二岁时就去了农场打工，此后，他接连做过很多工作，每一份工作都让他倍尝辛苦。

四十岁时，山德士在肯塔基州开了一家加油站。看到加油站每天人来人往，川流不息，他灵机一动，决定顺便经营外卖食品——他独创的炸鸡。渐渐地，在人们的口耳相传下，他的炸鸡越来越出名，甚至连州长都喜欢吃他的炸鸡。然而，随着战争爆发，他不得不关掉加油站，后来又因为建造公路，他的小餐厅也被关掉了。这样一来，山德士失去了自己苦心经营多年的一切，他变得一贫如洗。五十六岁的他无法仅仅依靠微薄的救济金生活，为此他决定推销自己的炸鸡配方。然而，他走遍了美国的每一个角落，在被人拒绝了1009次之后，才找到愿意买他炸鸡配方的人。从此之后，他又拥有了自己的餐厅，并且接二连三开了很多特许加盟店。

不得不说，山德士的精神值得我们每一个人学习。假如不是他勇敢地超越自己，挑战自己，他怎么可能以高龄重新创业呢！在接二连三的困难打击中，他始终相信自己，坚持克服困难，所以说他的勇敢换来了他人生的成功。也许创业成功的人很多，但是这种历经艰难、始终不放弃而得到的成功，显得更加丰盈厚重，也更加闪耀着光辉。

现代社会，很多年轻人都越来越浮躁，正是因为缺少这样的精神。我们每次享受肯德基餐厅的美味时，也不要忘记从肯德基老爷爷的身上汲取精神的养料和食粮。朋友们，一定要记住，唯有在面对困难的时候越挫越勇，我们才能最终成为人生的赢家。

轻易放弃的人无法享受梦想实现时的喜悦

每个人都有梦想，在人生的路上，梦想最终能否实现，关系到我们的人生是否完满。现实生活中，我们总是羡慕成功者身上的光环，殊不知，他们之所以拥有成功的人生，就是因为他们在追求梦想的过程中不管遇到多大的困难，始终都能坚持不懈，毫不放弃。相反，那些总是与失败相伴的人，就是因为他们总是在遭遇挫折的时候轻易放弃，因而导致半途而废，无疾而终。

也许有些朋友会抱怨命运不公平，我们不得不承认，命运是非常公平的。很多时候，我们之所以被命运捉弄，那也只是因为命运要考验我们是否能够担当大任。正如古人所说，天将降大任于斯人也，必先劳其筋骨，饿其体肤，苦其心志……由此可见，天上不会掉馅饼，这个世界上也没有任何一蹴而就的成功。不管什么时候，我们必须要非常用心和努力，也要具有坚持的毅力，才能最大限度发掘我们自身的潜力，战胜挫折，让我们越挫越勇，距离梦想越来越近。

很多时候，我们的确面临人生的风雨泥泞。然而，我们虽然无法改变客观存在的外界环境，但是我们可以调整自己的心态；我们虽然无法支配和指挥别人，但是我们可以成为自己的主人，让自己变得更加积极努力。总而言之，只要我们心中怀有希望，只要我们在任何情况下坚持不放弃，就没有任何人能够中断我们的梦想，更不可能让我们的梦想戛然而止。在通往梦想的道路上，我们是自己的领路人，是自己的鞭策者，也是自己源源不断的动力的源泉。

接连下了好几天的雨，一个懒惰的男人家里已经开始漏雨了，而且因为平日里家里储备粮食不多，他的孩子们现在不得不开始挨饿。为此，这个男人气愤地站在雨地里叫骂老天："老天爷啊，你为什么要这样接二连三地下雨呢？我好好的房子都开始漏雨了，家里的孩子们也因为缺吃少喝的，整日哭哭啼啼。老天爷啊，你还让不让人活了。我真想问问你，你到底为何如此丧尽天良呢……"男人喋喋不休地叫骂不止，后来居然越来越生气，开始大声地诅咒起来。

这时，村里的一个邻居实在看不惯男人骂街的样子，因而说："你呀，与其站在这里骂老天爷，不如去别人家里借点儿粮食，先把孩子的肚子填饱了。其实，老天爷有什么错呢，春雨贵如油，现在下雨，到了秋天我们才会有好收成，我们都应该感谢老天爷才是。你家呢，因为你好吃懒做，好逸恶劳，因而没有多余的粮食。要是你去年少骂街几次，多去地里干点儿活，你家孩子如今也就不至于挨饿了。记住，老天爷改变不了什么，过得好不好完全取决于你自己！”邻居的一番话使男人羞愧不已。的确，关老天爷什么事情呢？他唯有辛勤地劳作，才能改变现状，让孩子们至少吃饱肚子。

哪怕是非常严重的意外和变故，对于人生中的强者而言，都是无法改变他们命运轨迹的。任何时候，我们必须非常努力，才能最大限度挖掘自身潜力，从而完成我们的使命。任何时候，都不要因为外界的原因，就松懈自己。要记住，只要你发奋努力，没有人能够拖你的后腿，更不可能让你无计可施地面对人生。不管是机会，还是解决问题的方法，都只青睐那些奋发努力的人。因而从现在开始，朋友们，不要再以任何理由放弃梦想。只有我们执着追梦，我们的人生才能变得更加顺遂如意。

古人云，一日三省吾身。这句话就是告诉我们每个人都要善于自我反省，积极地自我反省。要知道，很多事情都不可能一蹴而就，尤其是实现梦想的过程注定艰难。我们在遇到挫折和磨难的时候，更要从自身出发，才能找到原因所在，从而才能越来越接近于成功。

客观理智地看待人生中的坎坷与挫折

在这个世界上，绝没有任何一件事情只有好处没有坏处，也绝没有任何一件事情只有坏处没有好处。正如古人所说，祸兮福所依，福兮祸所伏。很多时候，福与祸是相互转化的，我们唯有端正心态，以辩证的观点客观进行分析，才能以正确的态度对待人生的福或者是祸。其实，人世间的很多东西都是相对的，诸如没有丑的衬托就无所谓美，没有矮的衬托就无所谓高，没有短的衬托就无所谓长，没有窄的衬托就无所谓宽，当然没有失败也就无所谓成功。总而言之，我们的人生到底是幸福还是快乐，也取决于我们看待一切的观点和态度，取决于我们人生的底色。我们是欢乐还是痛苦，要看我们面对人生的心境。

当然，人生不如意十之八九，大多数情况下我们必须面对人生的不如意，才能坦然走过人生的坎坷逆境。但是，人生的不快乐并非天生存在，我们必须宽容而又客观地看待他们，才能客观公正，走出属于自己的人生之路。

古人云，不识庐山真面目，只缘身在此山中。在看待人世间的万事万物以及生活中的诸多事情时，我们一定要杜绝先入为主，而且要杜绝过于片面。一座山，一条河，从不同的角度看有着不同的美。同样的，一个人，一件事，从不同的角度进行分析，从不同的思路进行辨识，我们也会有不同的收获。很多情况下，我们常常因为一些不值一提的小事变得冲动，失去理智，甚至歇斯底里。殊不知，我们在做出冲动之举后，等到真正冷静下来时，一定会感到懊悔。正如老司机都知道，遇到红绿灯时，宁停三分不抢一秒。在人生中遭遇坎坷挫折时，或者遇到不公正的待遇时，我们同样要给予自己时间冷静下来，恢复理智。

战国时期，有个老人住在边塞，专门喂马维持生计。很多来往边塞的人如果想买马，都要找这个老人买，日久天长，知道这位老人的人越来越多，大家都称呼他为塞翁。塞翁养了一大群马，有一天，他的马群里走丢了一匹马。当时，一匹马是非常贵重的财产，因而很多邻居得到消息都纷纷赶来安慰塞翁。塞翁不以为然地笑着说："失去一匹马没关系，也许反而是好事呢！"听了塞翁的话，邻居们都觉得塞翁一定是因为心疼马，所以糊涂了。没想到过了几天之后，那批丢失的马不但自己回来了，还带了一匹胡人的骏马回来。

平白无故得到一匹骏马，这当然是天大的好事，为此邻居们全都祝贺塞翁："老人家，您可真是有远见。看看吧，你非但得到了失去的马，而且还多得到了一匹骏马，这可是天上掉馅饼的好事情啊！"不想，塞翁听到邻居们的祝贺，丝毫不觉得高兴，反而忧心忡忡地说："平白无故得到一匹马，未必是好事情，也许会招致灾祸呢！"邻居心中暗暗想道："这个老头子，心中一定很高兴，面上却要伪装成这个样子。"

几天后，塞翁唯一的儿子骑着骏马去集市上炫耀，不想因为骏马受惊，导致他从马背上摔下来，摔断了腿。邻居们得到消息，又来安慰塞翁，塞翁却说："摔断了腿也未必是坏事请，也许反而能够因祸得福呢！"邻居们同情地看着塞翁，都认为这个老头一定是因为儿子受伤伤心欲绝，所以才会神志不清的。没过多久，塞外的匈奴举兵侵犯，全村的年轻人都被征兵，派上战场，塞翁的儿子因为腿伤，得以留在家里，保全了性命。

塞翁失马，焉知非福。很多时候，我们对于人生有自己的独特的感悟，但是却未必能够保持清醒和理智，从而客观公正的分析和评价人生。积极的人，哪怕是从失败之中也能汲取经验和教训，为自己接下来的成功铺垫基础。相反，消极的人哪怕面对积极的事情，也总是悲观沮丧，甚至抱怨不止，导致自己信心全无，根本无法勇敢面对人生。

任何时候，我们都要记住，事情没有绝对的好坏，而且事情的好坏是会相互转化的。我们必须要保持良好的心态，从而才能客观评价每一件事情，也才能保持内心的淡然理性。

坚持不懈，诸多的不可能也会变成可能

人生路上，我们因为许多想当然的不可能，最终放弃了自己的梦想和理想，也使得我们在人生路上变得更加无望。其实，这种从不可能而来的放弃，是最容易耗尽人的勇气和信心的。勇敢，不仅仅是一种胆量，更是我们内心深处流淌出来的力量。一个真正勇敢的人绝不会盲目自信或者自卑，更不会想当然地处理很多事情。相反，哪怕面对人生路上的重重困难和阻碍，他们也会不遗余力地努力，坚持不懈地尝试，最

终为人生的发展提供动力，从而也把诸多的不可能在汗水和泪水中变成可能。

现代社会，很多年轻人都非常鲁莽，内心浮躁，但是他们偏偏意识不到这个问题，而觉得自己是勇敢者。实际上，勇敢不仅仅是一种热情，更是一种气度，勇敢唯有促进我们人生的成功，帮助我们最大限度实现梦想，才能对我们的人生起到推动作用。我们要想真正做到勇敢，也必须要准确区分勇敢和鲁莽，才能更加深刻理解勇敢的意义。

亨利·福特作为美国第一汽车制造商，他的成功无疑让无数人羡慕。然而，他虽然取得了巨大的成功，却从未停止自己的脚步。多年前，亨利·福特决定对先进的T型车发动机的汽缸进行改造工作。他命令工程人员设计出一个更加先进的引擎，而且要求引擎必须具有铸成一体的八个汽缸。然而，在当时的条件下，几乎每个工程技术人员都觉得这是无法完成的任务。尽管这是福特下达的命令，他们还是毫不迟疑地一口回绝，并且从科学的角度尽量向福特解释这个世界上根本不可能有他所设想的引擎。对此，福特毫不气馁，而是斩钉截铁地说："你们必须研制出这种引擎。"工程师们异口同声地回答："不可能！"他们想要打消福特不切实际的幻想，但是福特却再次命令他们："现在就去做，坚持做下去，不管花费多少时间，都可以。"

被福特的信心感染，工程技术员们只好无奈地展开研究。除非他们离开福特公司，否则他们就要接受福特的命令和安排。半年之后，他们的研究工作没有取得任何进展。尽管他们之中的每个人都非常努力，但是“不可能”似乎成为一个魔咒难以打破。转眼之间，又是半年，工程设计员们开展研究已经一年了，依然毫无头绪。对此，福特义无反顾：“继续研究，我必须得到这样的引擎，我们决不能放弃。”最终，在福特的坚持下，工程设计员们真的研究出了符合福特要求的气缸，福特公司因此把所有的竞争对手都远远抛下。

如果不是福特充满了信心和勇气，他很难让那些坚信“不可能”的工程设计员们，最终研发出他梦寐以求的引擎。要知道，那些工程设计员们可是专业人士啊，面对他们的一口回绝，福特却有勇气继续坚持，哪怕等了很长的时间都毫无进展，他也无怨无悔。

不得不说，福特是一个充满勇气的人。所以，他才能成功战胜挫折，获得自己想要的结果。一个人只有勇敢地迎接挑战，才能创造奇迹，否则一味地逃避只会使可能也变成不可能。

我们必须记住，这个世界上只有想不到，没有做不到。只要我们坚持不放弃，绝不告诉自己“不可能”三个字，那么我们就能鼓起勇气，把那些不可能变成可能，把那些可能最终变成我们引以为傲的成功。

参考文献

[1程程.做，才能改变[M].天津：天津人民出版社，2014.

[2]米粒.为了梦想，拼尽全力又何妨[M].北京：现代出版社，2016.

[3]景天.别在吃苦的年纪选择安逸[M].南昌：江西教育出版社，2016.

[4]墨陌.只要坚持，梦想总是可以实现的.南京：南京出版社，2016.

[5]（韩）殷志诚.总有一个梦想我们愿意付出一生[M].青岛：青岛出版社，2013.